画说
HUASHUO
DIANLI XITONG
CHANGSHI

电力系统常识

内蒙古电力公司培训中心　编著

U0300056

中国电力出版社
CHINA ELECTRIC POWER PRESS

内 容 提 要

本书是按照电力公司生产技能人员标准化培训课程体系的要求，结合生产实际编写而成。

本书共10章，60多个模块，主要内容包括电力系统概述、电从何处来、输电线路、变电部分、继电保护、电力系统自动装置、配电部分、电网调度、电力市场营销、电力通信知识等。

本书可作为电力行业的管理人员或电力公司新进员工的培训学习用书。

图书在版编目（CIP）数据

画说电力系统常识／内蒙古电力公司培训中心编著. —北京：中国电力出版社，2017.8
（2024.10重印）

ISBN 978-7-5198-1040-5

Ⅰ．①画… Ⅱ．①内… Ⅲ．①电力系统－基本知识－图解 Ⅳ．① TM7-64

中国版本图书馆 CIP 数据核字（2017）第 188453 号

出版发行：中国电力出版社
地　　址：北京市东城区北京站西街 19 号（邮政编码 100005）
网　　址：http://www.cepp.sgcc.com.cn
责任编辑：宋红梅　马玲科
责任校对：闫秀英
装帧设计：赵丽媛　赵珊珊
责任印制：石　雷

印　　刷：北京九天鸿程印刷有限责任公司
版　　次：2017 年 8 月第一版
印　　次：2024 年10月北京第十二次印刷
开　　本：787 毫米 ×1092 毫米　16 开本
印　　张：9
字　　数：180 千字
定　　价：85.00 元

编委会

前　言

社会经济的快速发展、人们生活水平的不断改善，高效、清洁能源的供给是一个重要的前提。电能，是一种应用最为便捷的清洁能源，已成为能源供应的主导，这种比较优势，使之成为与人们生活息息相关的能源，成为现代文明的基础。我们日常的生活每天离不开电的使用，经济社会的运行更加与电密不可分。以电能的生产、传输、配送和使用构成了完整的电力系统。

近年来，随着电力系统结构逐步优化、技术装备水平快速提高，电力公司多渠道、多方式吸纳专业人员和管理人员。但刚步入电力生产技术岗位的新入职员工，现场实际工作与学校里的课本学习有一定的距离，需要短时间内将理论知识与实操现场结合起来；电力行业的管理人员，对电力系统的专业技术知识也需有初步的了解和全面的认识，以提升岗位胜任能力。为此，我们撰写了《画说电力系统常识》。

本书带领读者跟随电能的脚步，沿着发电、输电、变电、配电、售电、用电的路径，了解电力系统的组成与运转知识。本书以读者的视角提出问题，用简洁明了的语言概括和总结，并配以直观的彩图，规避了繁琐的理论，去繁就简，深入浅出地为读者展示了一幅完整、生动的电力系统画卷。

在此对所有关心、支持和参与本书编撰出版的领导、编辑出版人员，表示衷心的感谢！

由于编者水平有限，书中难免有疏漏和不妥之处，恳请读者批评指正，以期再版时订正。

本书编委会

2017年7月30日

目 录

CONTENTS

第十章 电力通信 129

第一章　电力系统概述

电力系统的概念

由发电、输电、变电、配电和用电等环节组成的电能生产与消费系统，称为电力系统。它的功能是将自然界的一次能源通过发电动力装置转化成电能，再经过输电、变电和配电将电能供应到各用户。为实现这一功能，电力系统在各个环节和不同层次还具有相应的信息与控制系统，对电能的生产和输送过程进行测量、调节、控制、保护、通信和调度，以保证用户获得安全、经济、优质的电能。

另外，生产和输送电能的企业俗称电力系统，即发电企业和电网企业。目前，国内发电机构主要有中国华能集团公司、中国大唐集团公司、中国华电集团公司、国家能源投资集团公司、国家电力投资集团公司五大发电集团，电网公司主要包括国家电网、南方电网和蒙西电网等。

2002年，国务院出台《电力体制改革方案》（国发〔2002〕5号），电力工业开始厂网分开、政监分离的市场化改革；同年12月，国家电力公司实施厂网分开改革，国家电网公司、中国南方电网有限责任公司两大电网公司，中国华能集团公司、中国大唐集团公司、中国华电集团公司、中国国电集团公司、中国电力投资集团公司等5家发电集团，以及几家辅业集团公司挂牌成立。

2015年6月，中国电力投资集团公司与国家核电技术公司合并重组，成立国家电力投资集团有限公司。2017年11月，中国国电集团公司与神华集团有限责任公司合并重组，成立国家能源投资集团有限责任公司。

其中，蒙西电网即内蒙古电力（集团）有限责任公司，是独立的省级电网企业，负责内蒙古自治区中西部包括锡林郭勒盟、乌兰察布市、呼和浩特市、包头市、鄂尔多斯市、巴彦淖尔市、乌海市、阿拉善盟共8个盟市的电网建设、运营、管理工作。

能源

能源就是向自然界提供能量转化的物质（包括矿物质能源、核物理能源、大气环流能源、地理性能源）。能源是人类生产活动的物质基础，在某种意义上讲，人类社会的发展离不开优质能源和先进能源技术的使用。在当今世界，能源技术的发展、能源和环境，是全世界、全人类共同关心的话题。

按照能源的产生来分，可分为一次能源和二次能源。

一次能源

一次能源是指自然界中以原有形式存在的，没有经过加工转换的能量资源，包括原煤、原油、天然气、油页岩、核能、可燃冰、太阳能、风能、水能、波浪能、潮汐能、地热能、生物质能和海洋温差能等。

一次能源可以进一步分为可再生能源和非可再生能源。可再生能源包括太阳能、水能、风能、生物质能、波浪能、潮汐能、海洋温差能等，它们在自然界可以循环再生。而非可再生能源包括原煤、原油、天然气、油页岩、核能等，它们是不能再生的。

二次能源

二次能源也称"次级能源"或"人工能源"，是由一次能源经过加工或转换得到的能源，包括煤气、焦炭、汽油、煤油、柴油、重油、电能、蒸汽、热水、氢能等。一次能源无论经过几次转换，其所得到的另一种能源都被称为二次能源。二次能源的产生不可避免要发生加工转换损失，但是二次能源比一次能源有更高的终端利用效率，也更清洁和方便。因此，人们在日常生产和生活中经常利用的能源是二次能源。

电能是二次能源中用途最广、使用最方便、最清洁的一种，它对国民经济的发展和人民生活水平的提高起着重要的作用。

电能

电能是能量的一种形式，是由各种形式的能量转化而来的，电能是指电以各种形式做功（即产生能量）的能力。

1. 电能是优质的能源

电能是优质的能源，广泛应用在动力、照明、冶金、化学、纺织、通信、广播等各个领域，极大地促进了生产的发展和科学技术的进步，空前地改善了人类的生存环境。

2. 电能是方便的能源

作为二次能源，电能方便输送，通过输电线路可完成远距离输送；电能可以方便地转化成动能、热能、光能等其他形式的能源，从而满足不同的使用需要。

3. 电能是清洁的能源

电能在直接使用过程中不会产生污染。

4. 电能是高效的能源

仅就热效率而言，电能比燃煤高约20%，比燃油高6% ~ 13%。

5. 电能不便大量储存

目前，电能还不能大规模储存，发电、输电、用电必须同时进行，三个环节密不可分，必须始终保持平衡。

电的基本术语

电　压

也称作电势差或电位差，是衡量单位电荷在静电场中由于电势不同所产生的能量差的物理量。其大小等于单位正电荷因受电场力作用从A点移动到B点所做的功，电压的方向规定为从高电位指向低电位。其单位为伏特（V，简称伏），常用单位还有千伏（kV）、毫伏（mV）、微伏（μV）。

电　流

导体中的自由电荷在电场力的作用下做有规则的定向运动就形成了电流。其单位为安培（A，简称安），常用单位还有千安（kA）、毫安（mA）、微安（μA）。

电功率

电流在单位时间内做的功叫做电功率。电功率是用来表示消耗电能快慢的物理量，它的单位为瓦特（W，简称瓦）。在交流电路中，由电源供给负载的电功率有两种，即有功功率和无功功率。

1．有功功率

在交流电路中，电源在一个周期内发出瞬时功率的平均值（或负载电阻所消耗的功率），称为有功功率，单位有瓦（W）、千瓦（kW）、兆瓦（MW）。

2．无功功率

无功功率比较抽象，它是用于电路内电场与磁场交换，并用来在电气设备中建立和维持磁场的电功率。由于它不对外做功，所以被称为"无功"，单位为乏（var）或千乏（kvar）。

请注意

无功功率不是无用功率，它的用处很大。电动机需要建立和维持旋转磁场，使转子转动，从而带动机械运动，电动机的转子磁场就是靠从电源取得无功功率建立的。变压器也同样需要无功功率，才能使变压器的一次绕组产生磁场，在二次绕组中感应出电压。因此，没有无功功率，电动机就不会转动，变压器也不能变压，交流接触器也不会吸合。

3．视在功率

在交流电路中，电压与电流的乘积称为视在功率，通常以视在功率表示变压器等设备的容量，其单位为伏安（VA）和千伏安（kVA）。

功率因数　　在交流电路中，电压与电流之间相位差的余弦叫做功率因数，在数值上，功率因数是有功功率和视在功率的比值。

频　率　　频率是指每秒交流电重复变化的次数，单位是赫兹，简称赫（Hz），常用的频率单位有千赫（kHz）、兆赫（MHz）等。

电　能　　电能是表示电流做多少功的物理量，常用单位有千瓦时（kWh）、焦耳（J），它们的关系是：$1kWh=3.6\times10^{6}J$。通常，生活当中1kWh称为1度电。

第二章 电从何处来

火力发电

火力发电厂简称火电厂，是利用煤、石油、天然气等燃料生产电能的工厂。

三大主机与能量转换

火电厂的三大主机是指锅炉、汽轮机和发电机。

锅炉——化学能到热能的转换

锅炉是利用燃料燃烧时产生的热能，把工作介质（水）加热到具有一定的温度和压力的能量转换设备。电厂锅炉的作用是把给水加热成过热蒸汽。

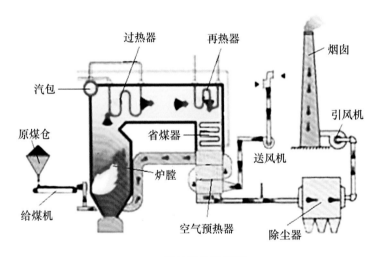

锅炉结构示意图

电厂锅炉具有容量大、参数高、效率高、自动化水平高等特点。

锅炉由本体和辅助系统组成。

本体包括燃烧系统（炉）和汽水系统（锅），其中燃烧系统由燃烧室（炉膛）、燃烧器、空气预热器、送风机、引风机、烟囱等设备组成；汽水系统由汽包、水冷壁、省煤器、过热器、再热器等设备组成。

辅助系统包括制粉系统、给水系统、除灰渣系统、除尘设备、脱硫脱硝设备、锅炉构架及一些锅炉附件（如安全门、水位计、吹灰器、仪表等）。

电厂锅炉的工作过程如下：

（1）冷空气由送风机送入空气预热器加热后分为两部分，其中一部分送入磨煤机作为干燥剂，另一部分送入燃烧器助燃。

（2）原煤经处理后送入制粉系统磨制成煤粉（流化床锅炉用煤经破碎即可，不需制成煤粉），送入燃烧室进行燃烧。

（3）给水经省煤器加热升温，由蒸发受热面（水冷壁）吸热将给水转变为汽水混合物或全部转变为水蒸气，由过热器过热后送入汽轮机高压缸做功，做功后的蒸汽送回锅炉再热器进行再热，之后送入汽轮机中压缸继续做功。

不同型式的锅炉，虽然结构和工作过程会有一些差异，但其基本工作原理都是相同的。

汽轮机——热能到机械能的转换

汽轮机是将蒸汽的热能转换为机械能的叶轮式旋转原动机。

汽轮机由静止部分和转动部分组成。静止部分包括基础、台板、汽缸、喷嘴、隔板、汽封和轴承等部件。转动部分包括主轴、叶片、叶轮、靠背轮和盘车装置等部件。

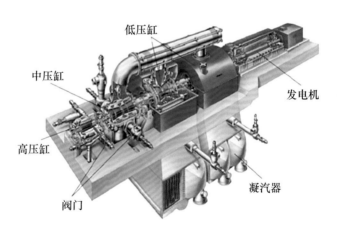

汽轮机结构示意图

蒸汽在汽轮机中的能量转换有两个过程，首先在喷嘴中将蒸汽的热能转换为动能，然后在叶片中将蒸汽的动能转换为转轴的机械能，喷嘴和叶片是汽轮机能量转换的主要部件。

发电机——机械能到电能的转换

发电机是将机械能转换为电能的设备，通常由定子、转子、端盖及轴承等部件构成。定子由定子铁芯、绕组、机座以及固定这些部分的其他结构件组成。转子由转子铁芯、绕组、转轴等部件组成。

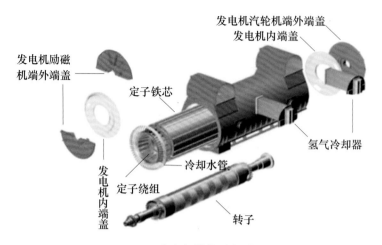

发电机结构示意图

汽轮机的转子与发电机的转子通过连轴器连在一起。当汽轮机转子转动时便带动发电机转子转动。在发电机转子另一端的励磁机产生的励磁电流送至发电机的转子绕组中，使转子周围产生磁场。当发电机转子旋转时，磁场也是旋转的。发电机定子内的导线就会切割磁力线感应产生电流。这样，发电机便将汽轮机的机械能转变为电能。

火电厂生产过程

燃烧系统　由输煤、磨煤、给粉、锅炉内燃烧、除尘、脱硫等组成。由皮带输送机从煤场将煤送到原煤仓，再经过给煤机进入制粉系统进行磨制，磨好的煤粉通过空气预热器来的热风，送到锅炉进行燃烧。燃烧产生的烟气经过除尘器后送至脱硫装置，再经过引风机送到烟囱排入大气。

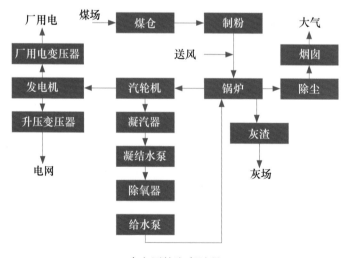

火电厂的生产过程

汽水系统 水在锅炉中被加热成蒸汽，经过热器进一步加热后变成过热蒸汽，再通过主蒸汽管道进入汽轮机。由于蒸汽不断膨胀，高速流动的蒸汽推动汽轮机的叶片转动从而带动发电机。在蒸汽不断做功的过程中，蒸汽压力和温度不断降低，最后排入凝汽器并被冷却水冷却，凝结成水。凝结水集中在凝汽器下部，由凝结水泵打至低压加热器，再经过除氧器除氧，由给水泵将预加热并除氧后的水送至高压加热器，经过加热后的热水打入锅炉。

发电机发出的电分为两路，一路送至厂用电变压器，另一路经升压站升压后送入电网。

火电厂废气污染与防治对策

火电厂废气主要为燃料燃烧后生成的烟气，烟气中含有的二氧化硫、氮氧化物、烟尘、重金属等一次污染物，通过烟囱排放，经过大气扩散后对空气环境造成影响，同时部分二氧化硫、氮氧化物等气态污染物会通过大气化学作用形成酸雨、细颗粒物等二次污染物。

烟尘控制 现代火电厂均采用高效除尘设备，如电除尘器、布袋除尘器、电袋复合除尘器等。

烟气脱硫 烟气脱硫按脱硫剂是否以溶液（浆液）状态进行脱硫，分为湿法与干法。湿法脱硫包括石灰石-石膏湿法、海水法、氨法等；干法脱硫包括烟气循环流化床法、喷雾干燥法、活性炭吸附法等。烟气脱硫是国际上从根本上控制二氧化硫排放普遍采用的技术方法，其中石灰石-石膏湿法是烟气脱硫的主流工艺，中国90%以上的火电机组采用此法。

氮氧化物控制 氮氧化物控制技术可分为低氮燃烧控制技术和烟气脱硝技术。低氮燃烧控制技术是控制锅炉燃烧过程中氮氧化物的生成反应，其技术包括采用低氮燃烧器、燃料再燃和烟气再循环等。烟气脱硝技术主要有以氨或尿素为还原剂的选择性催化还原法（SCR）、选择性非催化还原法（SNCR）、活性炭吸附法等，其中SCR法是烟气脱硝技术中应用最广泛、应用比例最高的技术。

水力发电

水力发电是利用河流、湖泊等位于高处的水流至低处，将其中所含势能转换成水轮机的动能，然后依靠水轮机带动发电机产生电能。

主要设备

水电站是完成水力发电的工厂，主要由拦河坝、压力水管、水轮发电机组、厂房及变压器等升压设备组成。

能量转换：水的势能→水轮机旋转的动能→电能。

水电站

发电原理及特点

河川的水经由拦水设施蓄积后，经过压力隧道、压力钢管等水路设施送至电厂，当机组须运转发电时，打开主阀，后开启导翼使水冲击水轮机，水轮机转动后带动发电机旋转发电。如果要调整发电机组的出力，则可以通过调整导翼的开度增减水量来达成，发电后的水经由尾水路回到河道，供给下游使用。

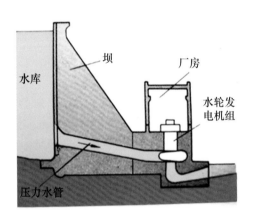

水力发电原理示意图

水力发电效率高，发电成本低，机组启动快，调节容易。水力发电是综合利用水资源的一个重要组成部分，与航运、养殖、灌溉、防洪和旅游组成水资源综合利用体系。缺点是建厂时间长，建造费用高，需筑坝移民等，基础建设投资大。

我国水力发电现状

截至2017年底，我国水电总装机容量达到34359万kW，占全国发电总装机容量的19.33%，发电量为11931亿kWh，比上年增长1.55%，占全国全年总发电量的18.59%，设备平均利用小时数为3597h。我国的三峡水电站装机容量2250万kW，居世界首位。

风力发电

风力发电是利用自然能源的大气为工作介质，将风能转换为机械能，再通过发电机发电的。

风力发电机组

　　风力发电机组主要由风轮、发电机、齿轮箱、塔架、对风装置、刹车装置和控制系统等组成。

　　能量转换：风的动能→风轮旋转的动能→电能。

发电原理及特点

　　风力发电的原理是利用风力带动风力发电机组叶片旋转，再通过增速齿轮箱将旋转的速度提升，带动发电机发电的。依据目前的风力发电机组技术，风速大约是3m/s（微风的程度），便可以开始发电。

　　主要优点是：清洁，可再生，永不枯竭，风电场基建周期短、装机规模灵活。缺点是：噪声大，占用大片土地，风速不稳定、不可控，目前成本仍然很高，影响鸟类活动等。

我国风力发电现状

　　截至2017年底，我国风电总装机容量居世界第一位，达到16325万kW，占全国发电总装机容量的9.19%，发电量为3034亿kWh，比上年增长25.97%，占全国全年总发电量的4.73%，已成为我国第三大类型电源，设备平均利用小时数为1949h。内蒙古自治区是我国最重要的风电基地，其风电装机容量达到2658万kW（其中蒙西1692万千瓦），发电量为551亿kWh，接近全国的五分之一。

太阳能发电

　　太阳能发电可分为太阳能光伏发电和太阳能热发电。太阳能热发电是利用汇聚的太阳光，把水烧至沸腾变为水蒸气，然后用来发电。太阳能光伏发电是指利用太阳能电池直接把光能转化为电能，是我国太阳能发电的主要形式。

主要设备　　太阳能光伏发电的主要设备有太阳能电池、蓄电池、控制器和逆变器。太阳能电池主要分为晶体硅电池和薄膜电池。

　　能量转换：太阳能→电能。

发电原理及特点　　太阳能光伏发电的原理：光伏效应就是光生伏特效应，指光照使不均匀半导体或半导体与金属结合的不同部位之间产生电位差的现象。它首先是由光能量转化为电能量的过程；其次是形成电压的过程。有了电压，就像筑高了大坝，如果两者之间连通，就会形成电流的回路。

　　主要优点有：太阳能资源没有枯竭危险，且资源分布广泛，受地域限制小，太阳能电池主要的材料——硅，原料丰富，无机械转动部件，没有噪声，稳定性好，维护保养简单，维护费用低，系统为组件，可在任何地方快速安装，无污染。缺点是：太阳能照射的能量分布密度小，年发电时数较低，不能连续发电，受季节、昼夜以及阴晴等气象状况影响大，精准预测系统发电量比较困难，光伏系统的造价较高等。

我国太阳能发电现状　　截至2017年底，我国太阳能发电装机容量达到12942万kW，占全国发电总装机容量的7.28%。发电量为1166亿kWh，比上年增长75.59%，占全国全年总发电量的1.82%。分地区看，太阳能发电最多的三个地区是内蒙古，青海，新疆，分别为114、113和110亿kWh。我国是全球太阳能发电增长最快的国家。

核能发电

核能发电是利用核反应堆中核裂变（或核聚变）所释放出的热能进行发电的方式。核能发电时存在大量放射性物质，需要特殊的防护设施。

主要设备

核电站主要设备有核反应堆、蒸汽发生器、汽轮机、冷凝器及发电机等。

能量转换：核燃料的核能→热能→蒸汽的热能→汽轮机转子动能→电能。

发电原理及特点

核反应产生的巨大能量被反应堆主泵驱动进入反应堆的一回路冷却剂吸收。一回路冷却剂再流进蒸汽发生器传热管束内，将吸收的热量传给蒸汽发生器二次侧的给水，使之转变成蒸汽，驱动汽轮机转动，进而带动发电机发电。降温后的一回路冷却剂被主泵送回堆芯，形成与二回路隔离开的一回路主系统。

特点：

（1）消耗燃料少。一座100万kW的压水堆核电站，每年只需消耗低浓缩铀25 ~ 30t，远低于同容量火电厂消耗的约300万t原煤。

（2）是清洁能源。核电站生产过程不排出CO_2和SO_2，不会造成空气污染。

（3）经济性日益提高。建设费用昂贵曾是阻碍核电发展的重要因素，核电的特点是前期投入高、生产周期长，但运营成本低。

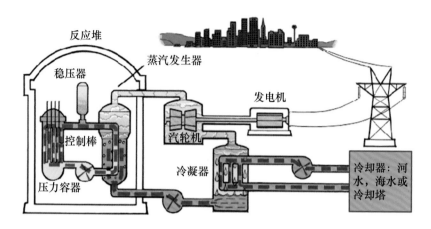

核能发电原理示意图

我国核能
发电现状 截至2017年底，我国核电装机容量3582万kW，增长6.5%，占全国发电总装机容量的2.02%。发电量为2481亿kWh，比上年增长16.39%，占全国全年总发电量的3.87%。核电生产集中在东南沿海的浙江、福建和广东，三个地区占全国核能发电量的四分之三。

第三章　输电线路

电压等级的划分

电压等级
划分

在架空电力线路中，额定电压是根据输送功率的大小及输送的距离来确定的。一般来说，电压越高，输送的功率越大，输送的距离越远。例如：35kV架空电力线路，输送距离在50km左右时，一般输送功率为1万～2万kW；

架空输电线路

110kV线路，输送距离为100km左右时，输送功率3万～6万kW；220kV线路，输送距离为200～300km时，可输送功率20万～25万kW。

一般习惯上划分如下：

（1）220/380V为低压；

（2）3、6、10、20kV称为中压；

（3）35、110、220kV称为高压；

（4）330、500、750kV称为超高压；

（5）1000kV称为特高压。

为什么要远距离输电

我国76%的煤炭资源分布在北部和西北部；80%的水能资源分布在西南部；绝大部分陆地风能、太阳能资源分布在西北部。同时，70%以上的能源需求却集中在东中部，即长江三角洲、珠江三角洲、京津唐环渤海湾等地区。能源基地与负荷中心的距离为1000～3000km。

在负荷中心区大规模开展电源建设会受到煤炭运输、环境容量等问题的制约。而且，建设火电还可以靠煤炭运输，而水电、风电由于不可能把水和风像煤那样运输，因此就更是无法实现。一边是无法大规模建设电源点，一边又守着水能、风能等宝贵的清洁能源望洋兴叹。于是，在能源资源丰富的西部、北部地区建设电源，然后把电力送到负荷中心就成为最优选择。然而，随着我国经济的快速发展，现以500kV

超高压线路为主干网的网架结构，已经显现出输电量小，无法实现大跨度、远距离输送的缺点。建立更高电压等级网架结构势在必行。

特高压输电能力

特高压电网是指交流1000kV、直流±800kV及以上电压等级的输电网，它的最大特点就是可以长距离、大容量、低损耗输送电力。按自然功率测算，1000kV交流特高压输电线路的输电能力超过500万kW，接近500kV超高压交流输电线路的5倍。±800kV直流特高压的输电能力达到700万kW，是目前多数±500kV超高压直流线路输电能力的2.4倍。

输电形式

传输电能有两种基本形式：一种是架空输电线路输电；另一种是电力电缆输电。

输电方式

输电方式主要有交流输电和直流输电两种。通常所说的交流输电是指三相交流输电。直流输电则包括两端直流输电和多端直流输电，绝大多数的直流输电工程都是两端直流输电。对交流输电而言，输电网是由升压变电站的升压变压器、高压输电线路、降压变电站的降压变压器组成的。对直流输电来说，它的输电功能由直流输电线路和两端换流站内的各种换流设备包括一次设备和二次设备来实现。在输电网中，输电导线、杆塔、绝缘子串、架空地线和金具等称为输电设备。

架空电力线路是将输电导线用绝缘子和金具架设在杆塔上，使导线与地面和建筑物保持一定距离。架空输电具有投资少、维护检修方便的优点，因而得到广泛应用。其缺点是易遭受风雪、雷击等自然灾害的影响。

直流输电线路

交流输电线路

电力电缆线路是利用埋在地下或敷设在电缆沟中的电力电缆来输

送电能。电缆线路的优点是占地少，不受外界干扰，安全可靠，不影响地面绿化和整洁。缺点是工程造价高，事故检查和处理比较困难。电缆线路主要用于一些城市配电线路，以及跨江过海的电能传输。

导线

导线是架空线路的主要组成部分，它担负着传递电能的作用，导线通过绝缘子架设在杆塔上，它除了承受自身的重量和风、雨、雪等外力作用，还要承受空气中化学杂质的侵蚀，因此，导线必须具备良好的导电性能和足够的机械强度，以及耐腐蚀性能，并应尽可能质量轻、价格低。

导线的材料采用铜、铝等金属，在输电线路中多采用钢芯铝绞线，其特点是机械强度大、质量轻。

分裂导线

分裂导线是在高压远距离输电线路上为抑制电晕放电和减少线路电抗所采取的一种导线架设方式。即每相导线由2~8根直径较小的子导线组成，用间隔棒进行隔离和固定，各子导线间相距0.2~0.5m，按对称多角形排列在间隔棒的顶点上。

分裂导线主要应用于220kV及以上电压的线路上。一般分为二分裂导线、三分裂导线、四分裂导线、六分裂导线、八分裂导线等几种。

铁塔种类

铁塔是杆塔的一种，是高压输电线路上最常用的支持物，其作用主要是支持导线、避雷线，使导线保持对地面以及其他设施应有的安全距离。

按用途分类

1. 直线铁塔

直线铁塔又叫中间铁塔。它分布在耐张铁塔中间，数量最多，在平坦地区，数量上占绝大部分。正常情况下，直线铁塔只承受垂直荷重（导线、地线、绝缘子串和覆冰重量）和

直线铁塔

水平风压。直线铁塔在架空线路中用得最多，约占杆塔数的80%。

其绝缘子串与导线相互垂直，直线铁塔用符号Z表示。

2. 耐张铁塔

耐张铁塔也叫承力铁塔。为了防止线路断线时整条线路的直线杆塔顺线路方向倾倒，必须在一定距离的直线段两端设置能够承受断线时顺线路方向的导、地线拉力的杆塔，把断线影响限制在一定范围以内。

其绝缘子串与导线在同一条曲线上，两侧以不承担拉力的跳线相连，耐张铁塔用符号N表示。

耐张铁塔

3. 转角铁塔

线路转角处的铁塔叫转角铁塔。正常情况下转角铁塔除承受导、地线的垂直荷重和内角平分线方向风力的水平荷重外，还要承受内角平分线方向导、地线全部拉力的合力。

其绝缘子串与导线在同一条曲线上，两侧以不承担拉力的跳线相连，转角铁塔用符号 J 表示。

转角铁塔

4. 终端铁塔

线路终端处的铁塔叫终端铁塔。终端铁塔是装设在发电厂或变电站的线路末端杆塔。终端铁塔除承受导线、地线垂直荷重和水平风力外，还要承受线路一侧的导线、地线拉力，稳定性和机械强度都应比较高。

其绝缘子串与导线在同一条曲线上，两侧以不承担拉力的跳线相连，终端铁塔用符号 D 表示。

终端铁塔

5. 特种铁塔

特种铁塔主要有换位铁塔、跨越铁塔和分支铁塔等。100km以上的输电线路用换位铁塔进行导线换位；跨越铁塔设在通航河流、铁路、主要公路及电线两侧，以保证跨越交叉垂直距离。

换位铁塔 跨越铁塔

按形状分类

输电线路铁塔，按其形状一般分为酒杯形、猫头形、上字形、干字形、V字形和桶形等。

酒杯塔

猫头塔

上字塔

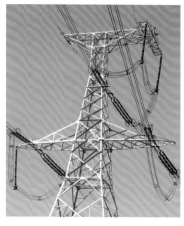

干字塔

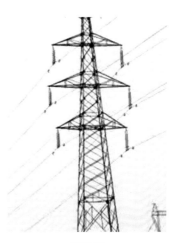

V字塔　　　　　　　　　桶形塔

绝缘子

绝缘子位于架空线路与杆塔连接的中间环节，起绝缘、固定和支撑导线的作用，可以保证导体与地及杆塔之间绝缘，或是装置中处于不同电位的载流导体之间绝缘。

普通型悬式瓷绝缘子

绝缘子分类

按制作材料的不同，绝缘子可分为瓷绝缘子、钢化玻璃绝缘子、合成绝缘子；按结构的不同，绝缘子可分为支持绝缘子、悬式绝缘子、防污型绝缘子等。

架空输电线路中所用绝缘子有悬式瓷绝缘子、棒式绝缘子。

耐污型悬式瓷绝缘子

1. 普通型悬式瓷绝缘子

普通型悬式瓷绝缘子按金属附件连接方式可分为球型连接和槽型连接两种。输电线路多采用球型连接。

2. 耐污型悬式瓷绝缘子

普通瓷绝缘子只适用于污染比较小的地区，在污秽区要使用耐污型悬式瓷绝缘子，以达到与污秽区等级相适应的爬电距离，防止污闪事故发生。

绝缘子片数

不同电压等级绝缘子串的片数按过电压下不被击穿（良好的绝缘性能）确定。一般情况各电压等级绝缘子片数如下：

110kV：7～9片

220kV：13～16片

500kV：25～27片

通过数绝缘子的片数，我们就可以识别线路的电压等级。

绝缘子片数示意图

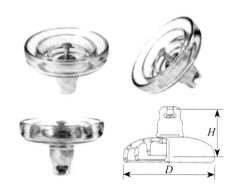

悬式钢化玻璃绝缘子

合成绝缘子

3. 悬式钢化玻璃绝缘子

当悬式钢化玻璃绝缘子发生闪络时，其玻璃伞裙会自行爆裂。

其优点是质量轻、强度高，耐雷性能和耐高、低温性能均较好。

4. 合成绝缘子

合成绝缘子是一种新型的防污绝缘子，尤其适合污秽地区使用，能有效防止输电线路污闪事故的发生。

它与耐污型悬式瓷绝缘子相比，具有体积小、质量轻、清扫周期长、污闪电压高、不易破损、安装运输省力方便等优点。

金具

金具的作用

金具是在架空电力线路上用于悬挂、固定、保护、连接、接续架空线或绝缘子，以及在拉线杆塔的拉线结构上用于连接拉线的金属器件。一般分为支持金具（悬垂线夹）、紧固金具（耐张线夹）、连接金具、接续金具、保护金具、拉线金具等。

1. 支持金具（悬垂线夹）

悬垂线夹是在直线杆塔上悬挂架空线的金具。架空线被固定在悬垂线夹上，起到悬挂和一定的紧握作用，再经其他金具及绝缘子与杆塔的横担或地线支架相连。

2. 紧固金具（耐张线夹）

耐张线夹是在一个线路耐张段的两端固定架空线的金具，也用于转角或终端杆塔，承受导线、地线的拉力。耐张线夹用来紧固导线的终端，使其固定在耐张绝缘子串上，也用于避雷线终端的固定及拉线的锚固。

悬垂线夹

螺栓式耐张线夹

压接式耐张线夹

3. 连接金具

连接金具是在悬垂绝缘子串和耐张绝缘子串中起连接作用的金具，主要用于将悬式绝缘子组装成串，并将绝缘子串连接、悬挂在杆塔横担上。它的种类很多，在各种绝缘子串及金具组合串中，除线夹、保护金具和绝缘子外，其余均为连接金具。如球头挂环、碗头挂板，分别用于连接悬式绝缘子上端钢帽及下端钢脚，还有直角挂板（一种转向金具，可按要求改变绝缘子串的连接方向）、U形挂环（直接将绝缘子串固定在横担上）、延长环（用于组装双联耐张绝缘子串等）、二联板（用于将两串绝缘子组装成双联绝缘子串）等。

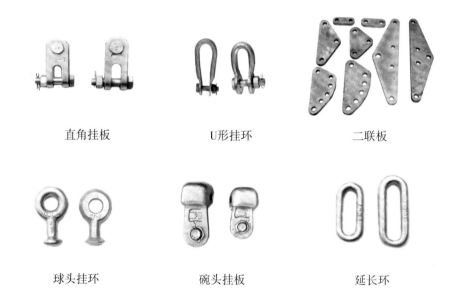

| 直角挂板 | U形挂环 | 二联板 |

球头挂环　　　　　　碗头挂板　　　　　　延长环

4. 接续金具

接续金具用于接续各种导线、避雷线的端头。接续金具承担与导线相同的电气负荷，大部分接续金具承担导线或避雷线的全部张力，接续金具分为钳压、液压、爆压及螺栓连接等几类。

钳压接续管　　　　　　　　　液压接续管

5. 保护金具

保护金具分为机械和电气两类。机械类保护金具防止导线、地线因振动而造成断股，电气类保护金具防止绝缘子因电压分布严重不均匀而过早损坏。

（1）机械类保护金具有防振锤、预绞丝护线条、重锤等。

防振锤　　　　　　　　　预绞丝护线条　　　　　　　　重锤

（2）电气类保护金具有均压环、屏蔽环、间隔棒等。

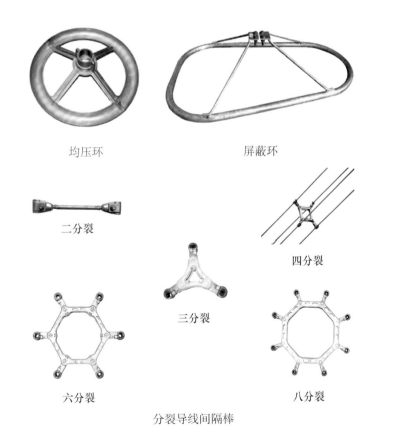

均压环　　　　　　　　　　　　屏蔽环

二分裂

四分裂

三分裂

六分裂　　　　　　　　　　　　　　　　八分裂

分裂导线间隔棒

6. 拉线金具

拉线金具是用于固定线路拉线及其配套设施的金具。拉线金具可分为UT型楔形线夹、楔形线夹、钢卡和二眼板等。

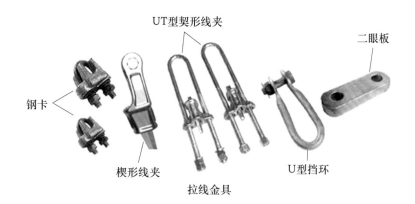

横担的
作用

钢卡

楔形线夹

UT型契形线夹

拉线金具

U型挡环

二眼板

横担

通过横担将三相导线分隔一定距离，用绝缘子和金具等将导线固定在横担上，还需和地线保持一定的距离。因此，要求横担有足够的机构强度，使导线、地线在杆塔上布置合理，并保持导线各相间和对地 (杆塔) 有一定的安全距离。

横担

耐张铁塔

铁塔基础

铁塔基础用于稳定杆塔，使杆塔不致因承受垂直荷载、水平荷载、事故断线张力和外力作用而上拔、下沉或倾倒。

铁塔基础

铁塔基础根据铁塔类型、塔位地形、地质及施工条件等具体情况确定。常用的铁塔基础有现场浇制基础、预制钢筋混凝土基础、灌注桩式基础、金属基础、岩石基础。

铁塔基础

接地装置

接 地

电气设备的任何部分与大地之间良好的电气连接，称为接地。

接地指为防止触电或保护设备的安全，将电力电信等设备的金属底盘或外壳接上地线；利用大地作为电流回路接地线。

接地线

接地线

连接于接地体与电气设备接地部分之间的金属导线，称为接地线。

接地体

埋入地中并直接与大地接触的金属导体，称为接地体，或称接地极。专门为接地而人为装设的接地体，称为人工接地体。间作接地体用的直接与大地接触的各种金属构件、金属管道及建筑物的钢筋混凝土基础等，称为自然接地体。

接地网

由若干接地体在大地中相互用接地线连接起来的一个整体，称为接地网。

接地线

接地网

接地装置　接地体和接地线总称为接地装置。

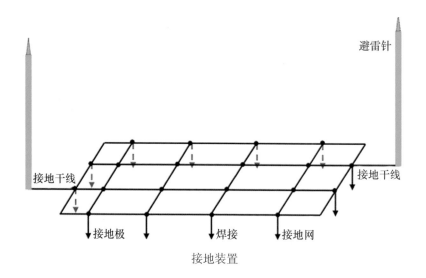

接地装置

第四章 变电部分

变电站

变电站是电力系统中变换电压、接受和分配电能、控制电力的流向和调整电压的电力设施，它通过变压器将各级电压的电网联系起来。

变电站分类

根据变电站在电力系统中的地位和作用，变电站可以分成枢纽变电站、中间变电站、地区变电站、企业变电站、终端变电站。

枢纽变电站：枢纽变电站位于电力系统的枢纽点，电压等级一般为330kV及以上，连接多个电源，出线回路多，变电容量大；全站停电后，将引起系统解列，造成大面积停电。

中间变电站：中间变电站位于系统主干环行线或系统主干线的接口处，电压等级一般为220~330kV，汇集2~3个电源和若干线路，高压侧以穿越功率为主，同时降压向地区用户供电。

地区变电站：地区变电站是某个地区和某个城市的主要变电站，电压等级一般为220kV。全站停电后，将造成该地区或城市供电的紊乱。

企业变电站：企业变电站是大、中型企业的专用变电站，电压等级为35~220kV，1~2回进线。

终端变电站：终端变电站位于配电线路的终端，电压等级为10~110 kV，接近负荷处，经降压后直接向用户供电。

变电站电气设备

变电站电气设备的种类很多，按其作用、结构和工作原理的不同，使用的条件和要求也不一样，通常将它们分为一次设备和二次设备两大类。

一次设备和二次设备

直接生产、输送、分配和使用电能的设备称为一次设备。

对电力系统内一次设备进行测量、控制、保护和监察的设备，称为二次设备。

综合自动化变电站中的二次系统利用计算机技术、现代电子技术、通信技术和信息处理技术等实现对常规变电站二次设备（包括继电保护、控制、测量、信号、故障录波、自动装置及远动装置等）的功能进行重新组合、优化设计后形成，如微机保护、微机监控、微机自动装置等系统。

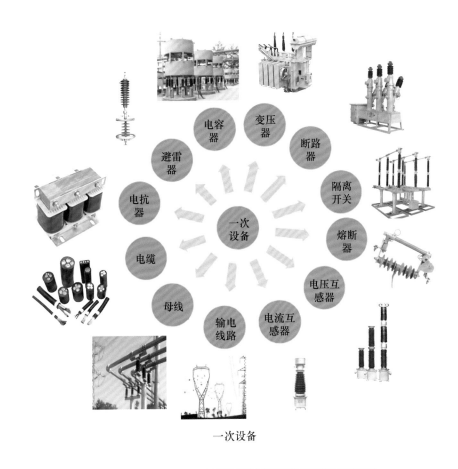

一次设备

	测量表计。如电压表、电流表、功率表、电能表等，用于测量电路中的电气参数
	继电保护及自动装置。如各种继电器、自动装置等，用于监视一次系统的运行状况，迅速反应异常和事故，作用于断路器，进行保护和控制
二次设备	操作电器。如各类型的操作把手、按钮等，实现对电路的操作控制
	直流电源设备。如蓄电池组、直流发电机、硅整流装置等，供给控制、保护用的直流电源及厂用直流负荷和事故照明用电等

变压器

　　变压器是一种静止的电气设备，它利用电磁感应原理将一种电压等级的交流电能转变成另一种电压等级的交流电能。

变压器具有变换电压和输送能量的作用。

变压器由铁芯、绕组、绝缘油、油箱、储油柜、呼吸器、压力释放阀、散热器、绝缘套管、分接开关、气体继电器、温度计等组成。

变压器外形图

（1）铁芯。是变压器的磁路，所以其材料要求导磁性能好，才能使铁损小，铁芯采用硅钢片叠制而成。

（2）绕组。是变压器电路部分，一般用绝缘纸包的铝线或铜线绕制而成。

（3）变压器油。又称绝缘油，是指从石油中炼制的天然烃类混合物的矿物型绝缘油。它的主要成分是烷烃、环烷族饱和烃、芳香族不饱和烃等化合物，正常情况下是浅黄色透明液体。变压器油主要有绝缘、散热和冷却的作用。

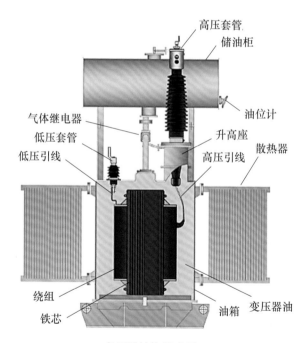

变压器结构示意图

（4）油箱。是变压器的外壳，内装铁芯、绕组和变压器油，起到一定的散热作用，同时作为外部组件的支架。

（5）储油柜。当变压器油的体积随油温变化膨胀或缩小时，储油柜起着储油及补油的作用，以保证油箱内充满油。储油柜还能减少油与空气的接触面，防止油被过速氧化和受潮。

（6）呼吸器。使储油柜内的油与空气相通。呼吸器内装干燥剂，吸收空气中的水分和杂质，使油保持良好的电气性能。

（7）压力释放阀。在大、中型变压器中采用压力释放阀代替防爆管，一般安装在变压器的油箱顶部，起安全阀的作用。

（8）散热器。当变压器上层油温与下层油温产生温差时，通过散热器形成油的循环，使油经散热器冷却后流回油箱，起到降低变压器油温的作用。

（9）绝缘套管。变压器内部的高、低压引线是经绝缘套管引到油箱外部的，它起着固定引线和对地绝缘的作用。

（10）分接开关。为了供给稳定的电压、控制电力潮流或调节负载电流，均需对变压器进行电压调整。目前，变压器的电压一般在高压侧绕组上调整。

（11）气体继电器。是利用变压器内故障时产生的热油流和热气流推动继电器动作的元件，是变压器的保护元件。

（12）温度计。变压器油温过高会加速变压器的老化，所以变压器一般安装温度计用来监测油温。

变压器工作原理　　在闭合的变压器铁芯上，绕有两个互相绝缘的绕组，其中，接入电源一侧的绕组叫一次绕组（此侧又称一次侧），接负载一侧的绕组为二次绕组（此侧又称二次侧）。

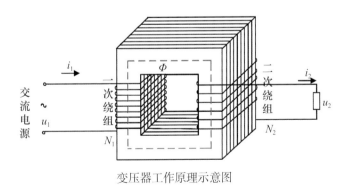

变压器工作原理示意图

一次绕组流过交流电流，在铁芯中产生交变磁通，铁芯中的磁通同时交链一、二次绕组，根据电磁感应定律，一、二次绕组中分别感应出相同频率的电动势，二次绕组接用电设备，使电能输出，实现了电能的传递。

（1）理想变压器的变压规律：

一、二次绕组中产生的感应电动势为

$$E_1=4.44fN_1\varPhi$$

$$E_2=4.44fN_2\varPhi$$

$$\frac{E_1}{E_2}=\frac{N_1}{N_2}$$

式中 N_1、N_2 —— 一、二次绕组匝数；

f —— 频率；

$\varPhi$ —— 磁通量。

若不考虑一、二次侧的内阻，则

$$U_1=E_1$$

$$U_2=E_2$$

$$\frac{U_1}{U_2}=\frac{N_1}{N_2}$$

式中 U_1、U_2 —— 一、二次侧电压。

（2）理想变压器的电流规律：

输入功率等于输出功率，即

$$P_1=P_2$$

$$U_1I_1=U_2I_2$$

理想变压器一、二次侧的电流与其匝数成反比，即

$$\frac{I_1}{I_2}=\frac{U_2}{U_1}=\frac{N_2}{N_1}$$

变压器分类

（1）变压器按相数分为单相变压器、三相变压器等。

1）单相变压器。是一次绕组和二次绕组均为单相绕组的变压器。单相变压器结构简单、体积小、损耗低，主要是铁损小，适宜在负荷密度较小的低压配电网中应用和推广。

2）三相变压器。目前电力系统均采用三相制，所以三相变压器得到了广泛应用。三相变压器可由三台单相变压器组合而成，称为三相组式变压器，还有一种三柱式铁芯变压器，称为芯式变压器。

（2）按绕组数目分为双绕组变压器、三绕组变压器、自耦变压器等。

1）双绕组变压器。用于连接电力系统中的两个电压等级。

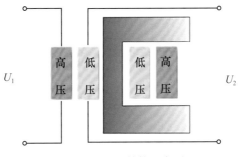

双绕组变压器结构示意图

2）三绕组变压器。三绕组变压器的每相有三个绕组，当一个绕组接到交流电源后，另外两个绕组就感应出不同的电动势，这种变压器用于需要两种不同电压等级的负载。

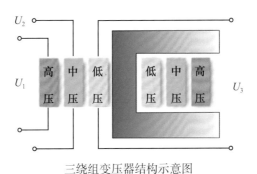

三绕组变压器结构示意图

3）自耦变电器。是指一次绕组和二次绕组间除了有磁联系外，还有电联系的变压器。自耦变压器的最大特点是，二次绕组是一次绕组的一部分，或一次绕组是二次绕组的一部分。

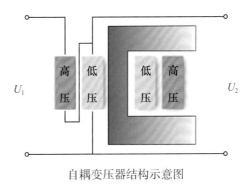

自耦变压器结构示意图

（3）按绝缘介质分为油浸式变压器和干式变压器两种。

1）油浸式变压器。是指铁芯和绕组浸在绝缘液体中的变压器。

油浸式变压器   干式变压器

2）干式变压器。是指铁芯和绕组不浸渍在绝缘油中的变压器。它依靠空气对流进行冷却，一般用于局部照明、机械设备等。

（4）按调压方式分为有载调压变压器和无励磁调压变压器两种。

有载调压变压器在带负载运行中，可完成电压的调整。

无励磁调压变压器不具备带负载调压的能力，调压时必须使变压器停电。

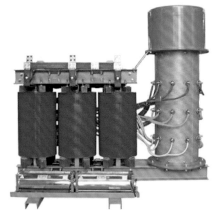

变压器参数

（1）额定电压：用U_N表示，单位为kV（线电压的有效值）。

变压器一次额定电压为U_{1N}。

有载调压变压器

1）变压器直接与发电机相连时，一次绕组的额定电压比电力网的额定电压高5%。

2）变压器不直接与发电机相连时，降压变压器一次绕组的额定电压等于电力网的额定电压。

变压器二次额定电压（U_{2N}）：指当一次侧接额定电压而二次侧空载时的电压。

1）变压器二次侧供电线路较长，二次额定电压比相连线路额定电压高10%。

2）变压器二次侧供电线路较短，二次额定电压比相连线路额定电压高5%。

（2）额定电流：用I_N表示，单位为A。

变压器的额定电流大小等于绕组的额定容量除以该绕组的额定电压及相应的相系数。

（3）额定容量：用S_N表示，单位为kVA。

变压器的额定容量指在规定的额定工作状态下变压器能保证长期输出的容量。

单相变压器

$$S_N=U_{1N}I_{1N}=U_{2N}I_{2N}$$

三相变压器

$$S_N=\sqrt{3}U_{1N}I_{1N}=\sqrt{3}U_{2N}I_{2N}$$

（4）额定频率：用f_N表示，单位为Hz。

变压器的额定频率指变压器正常工作的电压频率值。我国规定的额定频率为50Hz。

（5）变比。变比指电压比或电流比，是变压器一次绕组与二次绕组之间的电压或电流比。变压器一次、二次绕组两端电压与绕组匝数成正比，与一次、二次绕组两端电流成反比，即

$$K=\frac{I_2}{I_1}=\frac{U_1}{U_2}=\frac{N_1}{N_2}$$

K称为变压比，简称变比，它是变压器的一个重要参数。当$K>1$时为降压变压器；当$K<1$时为升压变压器。

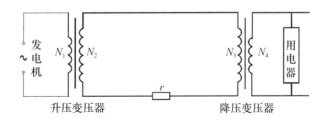

（6）连接组别。常用变压器一次、二次侧的接线方式有星形联结、三角形联结。

1）星形联结。把三相电源三个绕组的末端X、Y、Z连接在一起，成为一公共点O，从始端A、B、C引出三条端线，这种接法称为星形

接法，又称为Y形接法。

2）三角形联结。将三相绕组首尾相连，然后再从三个绕组的连接点引出端线的连接方式，称为角形接法，又称为△形接法。

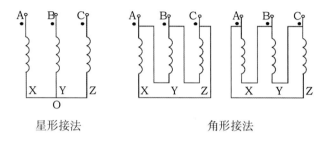

星形接法   角形接法

我国常用的接线组标号有Yy0、Yd11等。

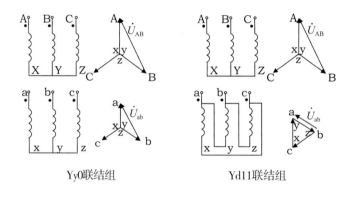

Yy0联结组   Yd11联结组

变压器型号   变压器的型号通常由相数、冷却方式、调压方式、绕组线芯等材料符号，以及变压器容量、额定电压、绕组连接方式组成。

第一位：自耦变电压（O—自耦，不是自耦型不标注）。

第二位：相数（D—单相；S—三相）。

第三位：冷却方式（F—风冷；J—自冷；P—强迫油循环）。

第四位：绕组数（双绕组不标；S—三绕组；F—分裂绕组）。

第五位：导线材料（L—铝导线，铜导线不标）。

第六位：调压方式（Z—有载调压；无励磁调压不标）。

第七位：变压器容量（MVA或kVA）。

第八位：变压器额定电压（kV）。

例如：SFSZ-120000/220表示三相，风冷式，三绕组，铜导线，有载调压变压器，额定容量120000kVA，额定电压220kV。

电弧

电弧是一种气体放电现象，是电流通过某些绝缘介质（如空气）时产生的瞬间火花。在高压开关电器触头接通和分开时，触头间可能出现电弧，其最高温度高达10000℃。

电弧

电弧危害

（1）电弧温度极高，很容易烧坏开关触头，或破坏触头附近的绝缘物；还会引起短路故障、开关电器爆炸，形成火灾等，危害电力系统的安全运行。

（2）电弧是一束能导电的气体，质量很轻，在电动力、热效应作用下能迅速移动、伸长、弯曲和变形，很容易造成飞弧短路和伤人事故。

灭弧常用方法

（1）吹弧。利用气体或绝缘油吹动电弧，使电弧拉长、冷却，这是高压断路器的主要灭弧手段。

（2）采用多断口。为了加速电弧熄灭，常将断路器制成具有两个或多个串联的断口，使电弧被分割成若干段。

（3）弧隙并联电阻。主要用来提高断路器的灭弧能力，通常在电压等级为220kV及以上的线路断路器上使用。

（4）采用特殊金属材料作为灭弧触头。选用熔点高、导热系数大、耐高温的金属材料做成灭弧触头，可削减游离过程中的金属蒸气。

高压断路器

高压断路器（图形符号为⌇，文字符号为QF），能够承载、关合和开断正常回路条件下的电流，并能在规定的时间内承载、关合和开断异常回路条件下的电流的开关装置。

高压断路器的作用

高压断路器具有以下作用：

(1) 控制作用，在正常运行时接通或切断负荷电流；

(2) 保护作用，在电气设备或线路发生短路故障或严重过负荷时，由继电保护装置控制其自动迅速地切断故障电流，切断发生短路故障的设备或线路，以防止扩大事故范围。

高压断路器的基本结构

高压断路器由通断元件、绝缘支撑件、操动机构及基座四部分组成。

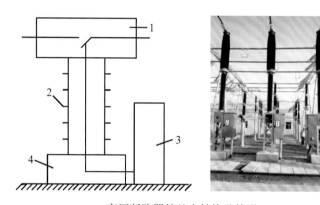

高压断路器的基本结构及外形

1—通断元件；2—绝缘支撑件；3—操动机构；4—基座

高压断路器分类

按安装地点分为户外断路器和户内断路器。

按灭弧介质及原理分为六氟化硫（SF_6）断路器、真空断路器、油断路器（分为多油、少油断路器）、压缩空气断路器。

按相数分为单相式断路器和三相式断路器。

高压断路器型号

高压断路器型号由以下七个单元组成。

第一位：产品字母代号（S—少油断路器；D—多油断路器；K—空气断路器；L—六氟化硫断路器；Z—真空断路器；Q—自产气断路器；C—磁吹断路器）。

第二位：装设地点代号（N—户内式；W—户外式）。

第三位：设计序号。

第四位：额定电压或最高工作电压（kV）。

第五位：补充工作特性标志（G—改进型；F—分相操作）。

第六位：额定电流（A）。

第七位：额定开断电流（kA）。

例如：ZN28-12G/1250-25表示户内式真空断路器，设计序号为28，G改进型，最高工作电压12kV，额定电流1250A，额定开断电流25kA。

六氟化硫断路器

六氟化硫断路器是利用SF_6气体为绝缘介质和灭弧介质的无油化开关设备，其具有优良的绝缘性能和灭弧特性。

由于SF_6气体的优异特性，使这种断路器单断口在电压和电流参数方面大大高于压缩空气断路器和少油断路器，并且不需要较高的气压和较多的串联断口数。在20世纪60～70年代，SF_6断路器已广泛用于超高压大容量电力系统中。

（1）SF_6断路器的分类。SF_6断路器按总体布置可分为瓷柱式和落地罐式两种。

落地罐式SF_6断路器　　　　瓷柱式SF_6断路器

（2）SF_6断路器的优缺点。

优点：

1）灭弧室单断口耐压高。

2）开断能力大，通流能力强。

3）电寿命长，检修间隔周期长。

4）结构简单，密封性能好。

5）无火灾危险，无噪声公害。

缺点：

1）电气性能受电场均匀程度影响特别大。

2）对SF$_6$断路器密封性能要求高。

3）SF$_6$易液化。

真空断路器

以真空作为断口绝缘和灭弧介质的断路器叫真空断路器，它利用真空度为6.6×10^{-2} Pa以上的高真空作为内绝缘和灭弧介质。所谓的真空是相对而言的，指的是绝对压力低于1个大气压的气体稀薄的空间。

（1）真空断路器的基本结构。真空断路器的总体结构一般分为悬臂式和落地式两种，主要由真空灭弧室、支架和操动机构三部分组成。

（2）真空断路器的优缺点。

优点：

1）寿命长，适用于频繁操作。

2）触头开距与行程小。

3）燃弧时间短，一般不超过20ms。

4）体积小，质量轻。

5）防火防爆，检修方便。

6）适用于频繁操作和快速切断场合，特别适用于切断电容性负载电路。

缺点：

1）真空度的保持和有效的指示尚待改进。

2）价格较昂贵。

3）容易产生危险的过电压。

真空断路器

断路器的操动机构

操动机构是带动高压断路器传动机构进行合闸和分闸的机构。

（1）操动机构的基本要求：

1）具有足够的操作功率；

弹簧操动机构

2）动作迅速；

3）操动机构工作可靠、结构简单、体积小、质量轻、操作方便。

（2）操动机构的常用类型：常用的类型为弹簧式、液压式、气动式。

（3）操动机构的组成：

1）做功与储能部分；

2）传动系统；

3）维持机构与脱扣机构。

高压隔离开关

高压隔离开关（图形符号为†，文字符号为QS）是一种电网中不带灭弧装置的用来实现将高压输配电装置中需要停电的部分与带电部分可靠地隔离，形成明显可见断点以保证检修工作安全的高压开关。

高压隔离开关的作用

（1）隔离电源。隔离开关使需停电工作的设备与带电部分实现可靠隔离（有明显断开点），且随电压的升高断口的绝缘距离按要求有所增加，因而可确保工作人员的安全。

（2）切换电路。隔离开关还可以用来进行某些电路的切换操作，以改变系统的运行方式。例如：在双母线接线中，可以用隔离开关将运行中的电路从一条母线切换到另一条母线上。

（3）接通或断开小电流的电路。

1）分、合电压互感器与避雷器及系统无接地故障时的消弧线圈与中性点接地线。

2）分、合电容电流不超过5A的空载线路（线路有接地时除外）。

3）分、合励磁电流不超过2A的空载变压器。

4）分、合电压在10kV及以下拉合不超过70A的环路均衡电流。

高压隔离开关分类

（1）按安装地点不同分为户内式隔离开关和户外式隔离开关。

（2）按绝缘支柱数目分为单柱式隔离开关、双柱式隔离开关和三柱式隔离开关。

（3）按闸刀的运动方式可分为水平旋转式隔离开关、垂直旋转式隔离开关、摆动式隔离开关和插入式隔离开关。

（4）按有无接地闸刀可分为有接地闸刀隔离开关和无接地闸刀隔

离开关两种。

（5）按操动机构的不同分为手动隔离开关、电动隔离开关和气动隔离开关等类型。

高压隔离
开关型号
高压隔离开关型号由以下八个单元组成。

$$\boxed{1}\ \boxed{2}\ \boxed{3}\ -\ \boxed{4}\ \boxed{5}\ /\ \boxed{6}\ -\ \boxed{7}\ \boxed{8}$$

第一位：产品名称（G—高压隔离开关）。

第二位：安装场所（N—户内式；W—户外式）。

第三位：设计序号。

第四位：额定电压（kV）。

第五位：结构标志（T—统一设计；G—改进型；C—穿墙型；D—带接地开关；W—防污型）。

第六位：额定电流（A）。

第七位：额定短时耐受电流（kA）。

第八位：其他标志（G—高原型）。

常用的高压隔离开关有GN19 、GN22、GW4、GW5、GW6、GW7等。

GN19型隔离开关　　　　　　　　　　　　GN22型隔离开关

GW4型隔离开关　　　　　　GW6型隔离开关　　　　　　GW7型隔离开关

高压负荷开关

高压负荷开关（图形符号为 ┤，文字符号为QL）是高压电路中用于在额定电压下接通或断开负荷电流的专用电器。

高压负荷开关的作用

（1）有灭弧装置，但灭弧能力较弱，只能切断和接通正常的负荷电流，而不能用来切断短路电流。

（2）高压负荷开关与高压熔断器配合使用，熔断器起短路保护作用。高

高压负荷开关

压负荷开关是一种灭弧能力介于隔离开关和断路器之间的简易开关电器。

高压负荷开关型号

高压负荷开关型号由以下九个单元组成：

$$\boxed{1}\ \boxed{2}\ \boxed{3}\ -\ \boxed{4}\ \boxed{5}\ \boxed{6}\ \boxed{7}\ \diagup\ \boxed{8}\ \boxed{9}$$

第一位：类型（F—负荷开关；Z—真空负荷开关）。

第二位：安装地点（N—户内式；W—户外式）。

第三位：设计序号。

第四位：额定电压（kV）。

第五位：操动机构（D—电动操动机构；无D表示手动）。

第六位：熔断器代号（R—带熔断器；无R表示不带熔断器）。

第七位：S—熔断器装在开关上端；无S表示装在开关下端。

第八位：额定工作电流（A）。

第九位：额定开断电流（kA）。

例如：FN2-10R/400型的含义是负荷开关，户内式，设计序号为2，额定电压为10kV，带熔断器（装在开关下端），额定电流为400A。

高压熔断器

高压熔断器（图形符号为 ╪，文字符号为FU）串接在电路中，当电路发生短路或过载时，熔体自动熔断断开电路，使其他设备得到保护。

3～35kV熔断器可用于保护线路、变压器、电动机及电压互感器等。

户内高压熔断器以RN2型为例，主要由熔管、静触座、支柱绝缘子、底板四部分组成；户外高压熔断器以RW4型为例，其结构如图所示。

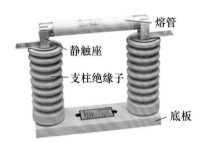 

RN2型熔断器结构图   RW4-10型跌落式熔断器结构图

1—熔管；2—熔体元件；3—上触头；4—绝缘瓷套管；5—下触头；6—端部螺栓；7—紧固板

（1）按安装地点可分为户内式熔断器和户外式熔断器。

（2）按熔管安装方式可分为插入式熔断器和固定安装式熔断器。

（3）按动作特性可分为固定式熔断器和自动跌落式熔断器。

（4）按工作特性可分为限流式熔断器和非限流式熔断器。

高压熔断器型号由以下六个单元组成：

$$\boxed{1}\ \boxed{2}\ \boxed{3}\ -\ \boxed{4}\ \boxed{5}\ /\ \boxed{6}$$

第一位：产品字母代号（R—熔断器）。

第二位：使用环境（N—户内式；W—户外式）。

第三位：设计序号（1，2，3…）。

第四位：额定电压（kV）。

第五位：结构特点（Z—带重合闸；T—带热脱扣器；如无上述结构不标注）。

第六位：额定电流（A）。

例如：RW4-10/100的含义是户外式

RN4-10型跌落式熔断器结构图

熔断器，设计序号为4，额定电压为10kV，额定电流为100A。

互感器

互感器可将一次侧的高电压或大电流变为二次侧的低电压或小电流，以供给二次回路的测量仪表和继电器。

互感器还具有以下重要作用：

（1）能使二次侧的设备与一次侧的高压装置在电气方面隔离，以保证工作人员的安全。

（2）能够使测量仪表和继电器实现标准化和小型化。

（3）能够采用低压小截面控制电缆，实现远距离的测量和控制。

（4）当一次侧电路发生短路时，能够保护测量仪表和继电器的电流线圈免受大电流的损害。

互感器分类

（1）电流互感器。用途是将交流大电流变换为小电流，二次侧额定电流为5A或1A，供电给测量仪表和保护装置的电流线圈。

（2）电压互感器。用途是将交流高电压变换为低电压，二次侧额定电压为100V或$100/\sqrt{3}V$。

电流互感器

1. 电流互感器的原理

目前电力系统中广泛应用的是电磁式电流互感器（TA），主要由铁芯、一次绕组、二次绕组、绝缘材料及其他附件组成，其工作原理与变压器相似。

电流互感器一次绕组串联在回路中，二次绕组经某些负荷闭合，二次电流与一次电流成正比。

2. 电流互感器的分类

（1）按用途分为测量用电流互感器和保护用电流互感器。

（2）按安装类型分为户外式电流互感器和户内式电流互感器。

（3）按安装方式分为贯穿式电流互感器、装入式电流互感器和支持式电流互感器。

（4）按一次绕组形式分为单匝式

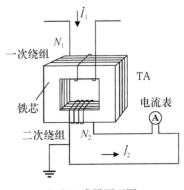

电流互感器原理图

电流互感器和多匝式电流互感器。

（5）按绝缘分为干式电流互感器、浇注式电流互感器、油浸式电流互感器和SF$_6$气体绝缘式电流互感器等。

（6）按电流变换原理分为电磁式电流互感器和光电式电流互感器。

3. 电流互感器的型号

电流互感器的型号由以下单元组成：

$$\boxed{1}\ \boxed{2}\ \boxed{3}\ \boxed{4}\ -\ \boxed{5}$$

第一位：L—电流互感器。

第二位：M—母线式（穿心式）；Q—线圈式；Y—低压式；D—单匝式；F—多匝式；A—穿墙式；R—装入式；C—瓷箱式，Z—支柱式。

第三位：K—塑料外壳式；Z—浇注式；W—户外式；G—改进型；C—瓷绝缘；P—中频。

第四位：B—过电流保护；D—差动保护；J—接地保护或加大容量；S—速饱和；Q—加强型。

第五位：表示使用的电压等级。

电流互感器外形

例如：常见型号LZZB系列是支柱式、浇注式、过电流保护系列的互感器。

4. 电流互感器的工作特点

（1）电流互感器一次绕组串联在电路中，并且匝数很少，因此一次绕组中的电流完全取决于被测电路的负荷电流，而与二次电流大小无关。

（2）电流互感器二次绕组所接仪表和继电器的电流线圈阻抗很小，所以正常情况下，电流互感器在接近于短路的状态下运行。

（3）电流互感器二次侧不能开路。为此，电流互感器的二次回路中不允许装设熔断器。

（4）为了确保安全，电流互感器的二次回路必须接地。否则，当电流互感器的一次绕组和二次绕组之间的绝缘被破坏时，一次回路的高电压直接加到二次回路中，损坏二次设备，危及人身安全。电流互感器的二次回路只能有一个接地点，不允许多点接地。

新型电流互感器按高、低压部分的耦合方式，可分为电磁耦合、电容耦合和光电耦合，其中光电式电流互感器性能更佳。新型电流互感器的特点是高、低压间没有直接的电磁联系，使绝缘结构大为简化；测量过程中不需要消耗很大能量；没有饱和现象，测量范围宽，暂态响应快，准确度高；质量轻、成本低。

电压互感器

1. 电压互感器的原理

电压互感器主要由铁芯、一次绕组、二次绕组、绝缘材料及其他附件组成，其工作原理与变压器相似。

电压互感器（TV）一次绕组并联在回路中，特点是容量小且比较恒定，正常运行时接近于空载状态。

2. 电压互感器的分类

（1）按用途分为测量用和保护用电压互感器。

（2）按相数分为单相和三相电压互感器。

（3）按结构原理分为电磁式电压互感器（TV）和电容式电压互感器（CVT）。

（4）按绕组个数分为双绕组电压互感器（其低压侧只有一个二次绕组的电压互感器）、三绕组电压互感器(有两个分开的二次绕组的电压互感器)、四绕组电压互感器（有三个分开的二次绕组的电压互感器）。

3. 电压互感器的型号

电压互感器的型号由以下单元组成：

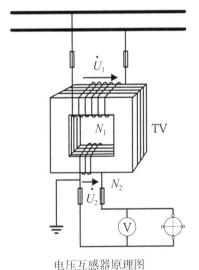

电压互感器原理图

第一位：J—电压互感器。

第二位：D—单相；S—三相；C—串级。

第三位：G—干式；J—油浸式；C—瓷绝缘；Z—浇注绝缘；R—电容式。

第四位：W—五铁芯柱；B—带补偿角差绕组；X—带剩余电压绕组。

第五位：GH—高海拔；TH—湿热区。

常见电压互感器的型号有JDZ、JCC、JDZX系列。

电压互感器实物图

4. 电压互感器的工作特点

（1）电压互感器是一种电压变换装置，它将高电压变换为低电压，以便用低压量值反映高压量值的变化。

（2）电磁式电压互感器就是一台小容量的降压变压器，一次绕组匝数很多，而二次绕组匝数较少。

（3）一次绕组并接于一次系统，二次侧各仪表并联。

（4）二次绕组所接负荷均为高阻抗的电压表及电压继电器，故正常运行时二次绕组接近于空载状态（开路）。

（5）为了确保人在接触测量仪表和继电器时的安全，电压互感器二次绕组必须有一点接地。因为接地后，当一次和二次绕组间的绝缘损坏时，可以防止仪表和继电器出现高电压危及人身安全。

5. 电容式电压互感器（CVT）

CVT实质是一个电容分压器，由若干相同的电容器串联组成，接在高压相线与地之间，从中抽取电压，再经变压器变压作为表计、继电保护等的电压源。

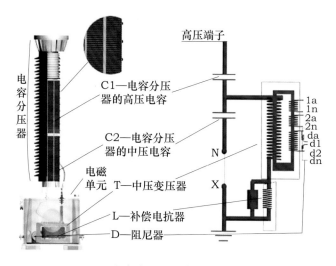

电容式电压互感器结构

CVT最主要的特点是：

（1）耐电强度高，绝缘裕度大，运行可靠。

（2）能可靠的阻尼铁磁谐振。

（3）具有优良的瞬变响应特性。

（4）具有电网谐波监测的专利技术。

补偿设备 ?

电力电容器

电力电容器（图形符号为┿，文字符号为C）主要分为串联电容器和并联电容器，它们都可用于改善电力系统的电压质量和提高输电线路的输电能力，是电力系统的重要设备。

电力电容器

1. 并联电容器在电网中的作用

并联电容器并联在系统的母线上，类似于一个容性负荷，向系统提供感性无功功率，改善系统运行的功率因数，提高母线电压水平。同时，并联电容器减少了线路上感性无功的输送，因而减少了电压和功率损失，提高了线路的输电能力。

2. 并联电容器的工作原理

在电力系统中，电力负荷通常为电阻和电抗两部分，如下图所示。当开关S合上时，由于电容器的容性电流I_C的相位角正好与电抗L的感性电流I_L的相位角相差180°，线路电流从I_0减少到I，从而使电力负荷的功率因数从$\cos \varphi_0$提高到$\cos \varphi_1$，线路损耗和电压降随之减小，设备的有效容量和裕度相应增大。

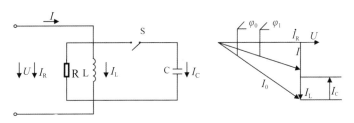

等效电路补偿原理相量图

3. 电容器的型号

电容器的型号由以下单元组成：

$$\boxed{1}\ \boxed{2}\ \boxed{3}\ \boxed{4}\ -\ \boxed{5}\ -\ \boxed{6}\ \boxed{7}$$

第一位：B—并联；C—串联。

第二位：液体介质类型（Y—矿物油；F—二芳基乙烷；Z—植物油；S—干式；W—（A，B）烷基苯。

第三位：M—全膜介质（聚丙烯薄膜）；全纸—无标记。

第四位：额定电压（kV）。

第五位：额定容量（kvar）。

第六位：相数（1—单相；3—三相）。

第七位：型式（W—户外式；户内式—无标记）。

例如：BFM11/$\sqrt{3}$-200-1W的含义是并联电容器，浸渍二芳基乙烷，全膜介质，额定电压为11/$\sqrt{3}$ kV，额定容量为200kvar，单相，户外使用。

电抗器

电抗器（电气符号为ϙ，文字符号为L）在电力系统中是用作限流、稳流、无功补偿、移相等用途的一种电感元件，它在电力系统中的应用十分广泛。

1. 电抗器的分类

（1）按有无铁芯分为空心式电抗器和铁芯式电抗器。

（2）按绝缘结构分为干式电抗器和油浸式电抗器。

（3）按用途分为限流电抗器（串联电抗器）、并联电抗器、通信电抗器和消弧电抗器。

2. 串联电抗器

在电力系统的回路中串联安装的电抗器，称为串联电抗器。在电力系统发生短路时，会产生很大的短路电流。如果不加以限制，要保持电气设备的动稳定和热稳定是非常困难的。因此，为了满足某些断路器遮断容量的要求，常在回路中串联电抗器，以增大短路阻抗，限制短路电流。

3. 并联电抗器

在电力系统的母线或线路上并联安装的电抗器，称为并联电抗器。其实质就是在系统中各相之间或相与地之间并联一个电感元件，用以吸收系统中多余的容性无功功率。一方面可以限制超高压长线路因强大的电容效应而引起末端电压过高；另一方面还有降低操作过电压，消除潜供电流等作用，使得超高压长线路的运行更加稳定、可靠。

并联电抗器

串联电抗器

电抗器型号

电抗器型号由以下单元组成：

$$\boxed{1}\ \boxed{2}\ \boxed{3}\ \boxed{4}\ /\ \boxed{5}\ -\ \boxed{6}$$

第一位：CK—串联电抗器；BK—并联电抗器。

第二位：S—三相；D—单相。

第三位：G—铁芯自冷干式。

第四位：额定容量（kvar）。

第五位：额定电压（kV）。

第六位：电抗率。

例如：CKSG216/10-6的含义是串联电抗器，三相，铁芯自冷干式，额定容量为216kvar，额定电压为10kV，电抗率为6%。

母线

在发电厂和变电站的各级电压配电装置中，将发电机、变压器等大型电气设备与各种电器装置连接的导体称为母线。

母线的作用

母线具有汇集、分配和传送电能的作用。

母线按所使用的材料可分为铜母线、铝母线；按截面形状可分为圆形、矩形、管形和槽形等。

(1) 圆形母线。

优点：周围电场较均匀，不易产生电晕。

缺点：散热面积小，抗弯性能差。

适用范围：常用在35kV以上的户外配电装置中。

圆形母线

(2) 矩形母线。

优点：施工安装方便，运行中变化小，载流量大。

缺点：造价较高。

适用范围：一般用于主变压器至配电室内。

矩形母线

(3) 管形母线。

优点：

1) 超强载流、散热能力。

2) 集肤效应低、功率损失小。

3) 允许应力大、机械强度高。

4) 电气绝缘性能强。

5) 架构简单、可靠性高。

适用范围：适用于35kV及以上的母线。

管形母线

(4) 槽形母线。槽形母线与同截面的矩形母线相比，具有集肤效应低、冷却条件好、金属材料利用率高、机械强度高等优点，且槽形母线的电流分布较均匀。

槽形母线

母线应按以下规定着色：

直流母线：正极—褚色；负极—蓝色。

交流母线：A相—黄色；B相—绿色；C相—红色。

中性线：不接地中性线—白色；接地中性线—紫色带黑色横条。

母线着色既可以识别相序又有利于母线的散热

母线着色

过电压

电气设备在运行中承受正常的工作电压，但是由于某种原因，如雷电侵入或电网内部的操作、故障等常会产生异常的电压升高，这种电压升高称为过电压。电力系统过电压包括内部过电压和大气过电压。

内部过电压

电力系统内部操作或故障引起的过电压称为内部过电压。

内部过电压分类

操作过电压是指由线路投切、故障或其他原因在系统中引起的相对地或相间瞬态过电压。

暂态过电压是指由于断路器操作或发生短路故障，使电力系统经历过渡过程以后重新达到某种暂时稳定的情况下所出现的过电压，又称工频电压升高。

谐振过电压是指电力系统中电感、电容等储能元件在某些接线方式下与电源频率发生谐振所造成的过电压。

大气过电压

雷电引起的过电压叫做大气过电压。大气过电压又分为直击雷过电压和感应雷过电压。直击雷过电压是雷闪直接击中电气设备导电部分时所出现的过电压。感应雷过电压是雷闪击中电气设备附近地面，在放电过程中由于空间电磁场的急剧变化而使未直接遭受雷击的电气设备（包括二次设备、通信设备）上感应出的过电压。

防雷设备

防雷设备包括避雷针、避雷线、避雷器。

避雷针

避雷针用镀锌圆钢管焊接制成，根据不同情况装设在配电构架上或独立架设。此外，避雷针还具有足够截面的接地引下线和良好的接地装置，避雷针由接闪器、接地引下线和接地体三部分组成。

避雷针

避雷针的工作原理：利用其高出被保护物的突出地位，把雷电引向自身，然后通过引下线和接地装置把雷电流泄入大地，使被保护的线路、设备、建筑物免受雷击。

避雷线

避雷线是用来保护架空电力线路和露天配电装置免受直击雷的装置。避雷线一般架设在架空线路导线上方，由接地导线、接地引下线和接地体等组成，因而也称架空地线。

避雷线

避雷线的工作原理：避雷线的原理及作用与避雷针基本相同，将雷电引向自身，并安全导入大地，使其保护范围内的导线或设备免遭直击雷。避雷线一般采用35mm^{2}的镀锌钢线，分为单根和双根两种，双根的保护范围较大。

避雷器

避雷器与被保护的设备并联在一起，当雷电波入侵时，先经避雷器放电至被保护设备绝缘水平以下，使被保护设备不至于被雷击损坏。目前常用的是氧化锌避雷器。

1. 氧化锌避雷器

（1）原理。氧化锌阀片具有优异的非线性伏安特性，工频电压下呈现极大的电阻（作用类似于稳压二

避雷器

极管），有效地抑制工频；而在雷电波过电压下，它又呈现极小的电阻，能很好地泄放雷电流，同时限制系统电压的幅值，确保电气设备的绝缘不被击穿。

（2）氧化锌避雷器特点。

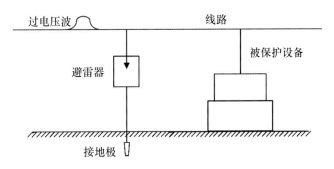

氧化锌避雷器接线示意图

1）结构简单、体积小、质量轻、寿命长。

2）性能稳定。

3）制造方便。

4）可以承受多重雷击。

2. 避雷器的型号

避雷器的型号由以下单元组成：

第一位：Y—金属氧化物。

第二位：H—合成绝缘型避雷器。

第三位：波形标称放电电流（kA）。

第四位：W—无间隙；有间隙不标注。

第五位：Z—电站型；S—配电型。

第六位：设计序号。

第七位：避雷器额定电压（kV）。

第八位：残压（kV）。

例如：YH10WZ1-204/532的含义是金属氧化物，合成绝缘型避雷器，波形标称放电电流为10kA，无间隙，电站型，设计序号为1，避雷器额定电压为204kV，标称放电电流为10kA时的残压不大于532kV。

电气主接线

电气主接线是指发电厂或变电站中的一次设备按照设计要求连接起来，表示生产、汇集和分配电能的电路，也称电气一次接线或电气主系统。

作 用

电气主接线能表明设备间的连接方式、一次设备的数量和作用，以及与电力系统的连接情况。

基本要求

（1）保证必要的供电可靠性和电能质量。
（2）具有一定的运行灵活性。
（3）操作应尽可能简单、方便。
（4）应具有扩建的可能性。
（5）技术上先进，经济上合理。

变电站电气主接线的常用类型

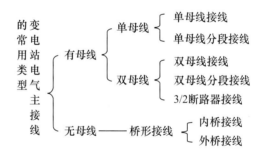

单母线接线

各电源和出线都接在同一条公共母线上，称为单母线接线。

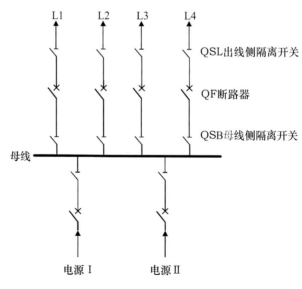

单母线接线

1. 开关电器的配置

（1）每一回路都配置一台断路器。

（2）隔离开关配置在断路器的两侧，以使断路器检修时能形成隔离电源的明显断口。靠近母线一侧的隔离开关叫母线隔离开关（电源侧隔离开关）；靠近线路一侧的隔离开关叫线路隔离开关（负荷侧隔离开关）。

2. 单母线接线的特点

优点：简单、清晰、设备少、投资小、运行操作方便，有利于扩建和采用成套配电装置。

缺点：母线或母线隔离开关检修时，连接在母线上的所有回路都将停止工作；当母线或母线隔离开关上发生短路故障或断路器靠母线侧绝缘套管损坏时，所有断路器都将自动断开，造成全部停电；检修任一电源或出线断路器时，该回路必须停电。

3. 单母线接线的适用范围

因单母线接线可靠性和灵活性差，故只适合于6～22kV系统中只有一个电源，且出线回路少的小型发电厂或多数箱式变电站中。

单母线分段接线

出线回路数增多时，可用断路器或隔离开关将母线分段，成为单母线分段接线。根据电源的数目和功率，母线可分为2～3段。

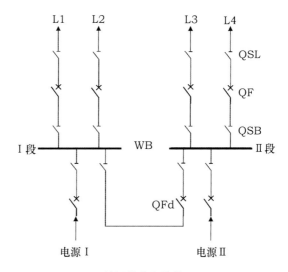

单母线分段接线

1. 单母线分段接线的特点

优点：该接线方式由双电源供电，故供电可靠性高，同时具有接线简单、操作方便、投资少等优点。当一段母线发生故障时，分段断路器或分段隔离开关将故障切除，保证正常母线不间断供电，不致使重要的用户停电，提高了供电的可靠性。

缺点：当一段母线或母线隔离开关故障或检修时，必须断开接在该分段上的全部电源和出线，这样就减少了系统的发电量，并使该段单回路供电的用户停电；任一出线断路器检修时，该回路必须停止工作。

2. 单母线分段接线的适用范围

这种接线多用于电压较低、线路较少、装设有两台变压器、重要负荷由两回线路供电的变电站。

双母线接线

双母线接线有两组母线，一组为工作母线，一组为备用母线。每一电源和每一出线都经一台断路器和两组隔离开关分别与两组母线相连，任一组母线都可以作为工作母线或备用母线。两组母线之间通过母线联络断路器（简称母联断路器）连接。

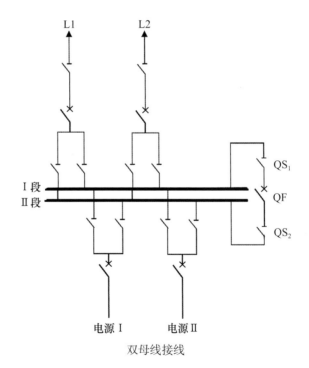

双母线接线

1. 双母线接线的特点

优点：

（1）可轮流检修母线而不影响正常供电。

（2）检修任一母线侧隔离开关时，只影响该回路供电。

（3）工作母线发生故障后，所有回路短时停电并能迅速恢复供电。

（4）可利用母联断路器替代引出线断路器工作。

（5）运行方式灵活，便于扩建。

缺点：

（1）切换运行方式时，需使用隔离开关切换所有负荷电流回路，操作过程比较复杂，容易造成误操作，从而导致设备或人身事故。

（2）母线隔离开关数量较多，配电装置结构复杂，占地面积和投资大。

2．双母线接线的适用范围

当变电站的配电装置在电力网中居重要地位，电力负荷大且出线回路较多时，通常采用双母线接线。在我国，当枢纽变电站中110～220kV出线在4回及以上时，多采用双母线接线。出线回路较多、连接的电源较多、负荷大的35kV屋外配电装置，有时也采用双母线接线。

3/2断路器接线

每一回路经一台断路器接至一组母线，两组母线之间接有若干串断路器，每一串有3台断路器，中间一台称作联络断路器，每两台断路器之间接入一条回路，每串共有两条回路。平均每条回路装设3/2（一个半）断路器，故称3/2断路器接线，又称一个半断路器接线。

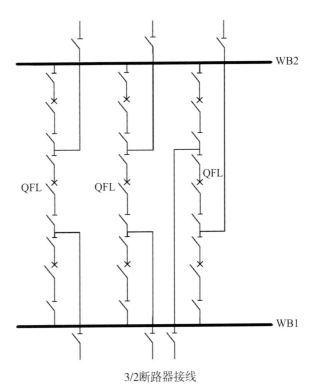

3/2断路器接线

1. 3/2断路器接线的主要特点

（1）可靠性高。任一断路器检修时，所有回路都不会停止工作。

（2）运行灵活性好。正常运行时成环形供电，运行调度十分灵活。

（3）操作检修方便。隔离开关只用作检修时隔离电源，不做倒闸操作。

（4）断路器、电流互感器等设备较多，投资大。

（5）继电保护及二次回路的设计、调整、检修等比较复杂。

2. 3/2断路器接线的适用范围

3/2断路器接线，目前在国内、外已广泛应用于大型发电厂和变电站的330～500kV配电装置中。

桥形接线　当只有两台主变压器和两条电源进线线路时，可以采用桥形接线。桥形接线分为内桥接线和外桥接线。

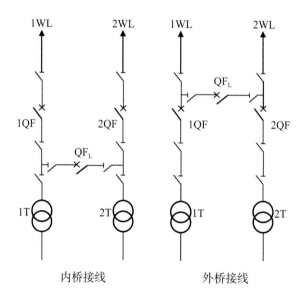

内桥接线　　　　　　　外桥接线

内桥接线适用场合：便于线路的正常投切操作，适用于输电线路较长、线路故障率较高、穿越功率少和变压器不需要经常切换的场合。

外桥接线适用场合：便于变压器的切换操作，适用于线路较短、线路故障率较低、主变压器需按经济运行要求经常投切以及电力系统有较大的穿越功率通过的场合。

1．桥形接线的主要特点

桥形接线简单，使用断路器数少，占地面积小，建造费用低，并易于发展成为单母线分段或双母线分段接线。

2．桥形接线的适用范围

桥形接线一般仅适用于中、小容量发电厂和变电站的35~220kV配电装置中。

第五章 继电保护

电力系统继电保护是电力系统发生故障或出现异常运行工况时，发出告警信号或者直接向所控制的断路器发出跳闸命令，将故障部分隔离、切除的自动化措施和设备。

为完成继电保护所担负的任务，要求它能够正确地区分电力系统正常运行状态、异常状态或故障状态。

1. 正常运行状态

所有运行设备的电流、电压及频率在允许的幅值与时间范围内保持稳定。

2. 异常状态

常见的异常状态有：

（1）过负荷。因负荷超过电气设备的额定值造成电流增大。

（2）频率降低。系统中出现有功功率缺额而引起。

（3）过电压。电力系统内部运行方式发生改变或大气中的雷云对地面放电而引起。

（4）系统振荡。通常发生在电网的局部，是由发电机失去同步或者非同期并列以及系统故障引起的功角不稳定现象。

3. 故障状态

电力系统故障总的来说可以分为横向故障和纵向故障两大类。

横向故障是指各种类型的短路，包括三相短路、两相短路、单相接地短路及两相接地短路。

纵向故障主要是指各种类型的断线故障，包括单相断线、两相断线和三相断线。

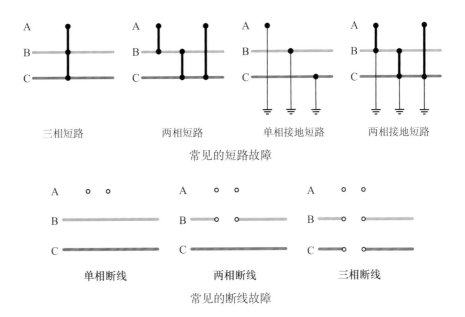

三相短路　　　　两相短路　　　　单相接地短路　　　两相接地短路

常见的短路故障

单相断线　　　　　两相断线　　　　　三相断线

常见的断线故障

继电保护基本原理　继电保护的基本原理是在电力系统故障分析的基础上，从各种测量量中迅速准确地找出有别于正常运行状态的故障或异常运行状态的特征量，利用不同的特征量构成不同原理的继电保护，如下图所示。

电流增大	过电流保护
电压降低	低电压保护
测量阻抗变小	阻抗保护
电流电压间相位角发生变化	方向保护
元件流入电流与流出电流的关系发生变化	电流差动保护

此外，还可以根据电气设备其他物理量变化特征实现非电气量保护。

继电保护组成　继电保护主要由测量部分、逻辑部分和执行部分组成。

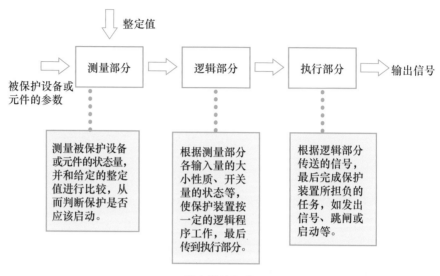

继电保护组成

电力系统继电保护的基本性能要求包括可靠性、选择性、速动性、灵敏性，简称"四性"。

1. 选择性

选择性是指电力系统发生故障时，保护装置仅将故障元件切除，而使非故障元件仍能正常运行，以尽量缩小停电范围。

2. 速动性

速动性是指保护装置应能尽快地切除短路故障。其目的是提高系统稳定性，减轻故障设备和线路的损坏程度，缩小故障波及范围。

3. 灵敏性

灵敏性是指在规定的保护范围内，对故障情况的反应能力。满足灵敏性要求的保护装置应在区内故障时，不论短路点的位置与短路的类型如何，都能灵敏地正确地反应。

4. 可靠性

当被保护设备发生故障或处于不正常工作状态时，能可靠地动作，即不发生拒动。而在电力系统正常运行时，应可靠地不动作，即不发生误动作。

这四个基本要求之间是相互联系的，但往往又存在着矛盾。因此，在实际工作中，要根据电网的结构和用户的性质，辩证地进行统一。

继电保护的发展

在20世纪50年代及以前，继电保护的实现主要采用电磁性的机械元件；随着半导体技术的发展，陆续采用了整流型元件和晶体管分立元件。1953年，中国第一台保护继电器诞生。20世纪70年代后，由集成电路元件构成的继电保护得到了广泛应用。20世纪80年代后，特别是进入20世纪90年代以来，微机型继电保护逐步占据主导地位，继电保护设备的可靠性及运行与维护的方便性不断得到提高。

继电保护的分类

继电保护从不同的角度可分为不同的类型：

（1）按被保护对象分类，分为输电线路保护和主设备保护（如发电机、变压器、母线、电抗器、电容器等保护）。

（2）按保护装置进行比较和运算处理的信号量分类，分为模拟式保护和数字式保护。机电型、整流型、晶体管型和集成电路型（运算放大器）保护装置，它们直接反映输入信号的连续模拟量，均属模拟式保护；采用微处理机和微型计算机的保护装置，它们反应的是将模拟量经采样和模/数转换后的离散数字量，属于数字式保护。

（3）按保护动作原理分类，分为过电流保护、低电压保护、过电压保护、距离保护、差动保护、高频（载波）保护等。

电力系统元件继电保护的总体配置包括电力系统主保护与后备保护、断路器失灵保护。

1. 主保护

反映被保护设备或线路本身的故障，并以尽可能短的时限切除故障的第一线保护。

2. 后备保护

主保护或断路器拒动时，由其他的继电保护或相邻电力元件的继电保护动作，将故障元件切除的保护。后备保护又分为近后备保护和远后备保护。

3. 断路器失灵保护

当判定保护装置已动作发出给断路器的跳闸命令，经过足以判别的最小时间间隔，确证断路器尚未跳闸时（往往以电流继续通过已向它发出了跳闸命令的断路器为判据），将同一变电站中在电回路上最靠近拒动断路器且接有电源的所有其他相邻断路器断开，以断开到故障点的全部电源的一种特殊保护回路。

变压器保护配置

1. 瓦斯保护

容量在0.8kVA及以上的油浸式变压器和户内0.4kVA及以上的变压器应装设瓦斯保护，分为重瓦斯保护和轻瓦斯保护。

2. 纵联差动保护和电流速断保护

用来反映变压器绕组的相间短路故障和匝间短路故障、中性点接地侧绕组的接地故障及引出线的接地故障。

由于瓦斯保护不能反映变压器外部故障，纵联差动保护和电流速断保护在变压器内部存在死区，故瓦斯保护和纵联差动保护均作为变压器的主保护。

3. 反映相间短路故障的后备保护

根据变压器的容量和在系统中的作用，分为过电流保护、复合电压启动的过电流保护、阻抗保护。

4. 反映接地故障的后备保护

变压器中性点直接接地时，采用零序电流（方向）保护；变压器中性点不接地时，可采用零序电压保护、中性点的间隙零序电流保护。

5. 过负荷保护

用来反映容量在0.4MVA及以上变压器的对称过负荷。

6. 过励磁保护

通常在超高压变压器上装设过励磁保护。

7. 非电量保护

包括变压器本体和有载调压部分的油温保护；变压器的压力释放

保护；变压器带负荷启动风冷的保护；过载闭锁带负荷调压的保护等。

（1）重要的220~500kV超高压变电站按照要求应当装设母线保护以保证系统稳定性，对于500kV和重要的220kV变电站配置双重化的母线保护。另外，对于母线故障要求有选择性切除故障及快速切除母线故障的变电站也可装设专用母线保护。

（2）对于低压母线，当母线发生故障时，如无专用母线保护，则只能靠变压器后备保护及相邻的其他保护切除母线故障。

1. 10kV线路保护配置

10kV线路保护主要配置有三段定时限过流保护（经复压、方向闭锁）、三相一次重合闸（检无压、检同期、不检）、过负荷保护等。

比较典型的主要有南瑞继保的RCS-9000系列的RCS-9611型和RCS-9612型。利用10kV线路发生接地故障时出现零序电流的特点构成接地保护，利用出现零序电压的特点配置绝缘监视装置，一般动作于信号，特殊情况动作于跳闸。

2. 110kV线路保护配置

110kV中性点直接接地的大电流接地系统输电线路保护，以南瑞继保RCS-943型为例，典型配置为纵联差动保护、保护、三段式接地保护和相间距离保护、四段零序过电流保护、低频保护、不对称相继速动、重合闸。

3. 220kV及以上电压等级线路保护配置

220kV及以上电压等级为中性点直接接地系统，要求线路保护全线速动。保护应遵循相互独立的原则按双重化配置。两套保护装置应完整、独立，安装在各自柜中，每套保护装置应配置完整的主、后备保护。典型配置为纵联分相差动保护、工频变化量、三段式相间距离保护、三段式接地距离保护、四段式零序方向过电流保护、重合闸。

比较典型的主要有南瑞继保的RCS-931型，北京四方的CSC-103型。

第六章　电力系统自动装置

电力系统自动装置用于保障电力系统安全经济运行，提高供电可靠和保证电能质量，如自动重合闸、备用电源自投装置、自动切负荷装置、低频减载装置等。

电力系统的各种故障中，输电线路（架空线路）故障约占电力系统总故障的90%，而输电线路的瞬时性故障占输电线路故障的90%左右。

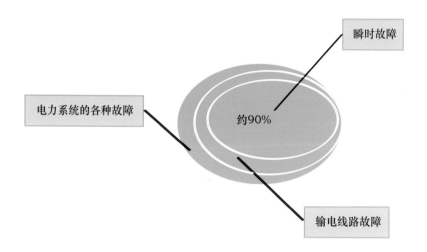

瞬时性故障包括雷电引起的绝缘子表面闪络、线路对树枝放电或树枝等物掉落在导线上引起的短路、大风引起的碰线、鸟害以及绝缘子表面污染。在线路被保护断开以后，瞬时性故障立即消失，此时合上断路器，线路即可恢复运行。

自动重合闸装置

架空线路或母线因故（例如发生短路故障或断路器自动跳开）断开后，被断开的断路器经预定短时延而自动合闸，使断开的电力元件重新带电；如果故障未消除，则由保护装置动作将断路器再度断开。

一般来说，自动重合闸装置分为单相重合闸、三相重合闸、综合重合闸和停用重合闸四种状态。

1. 单相重合闸

当线路上发生单相接地故障时，保护动作只跳开故障相断路器，自动重合故障相断路器；当重合到永久性故障时，保护再次动作断开三相不再进行重合。当线路上发生相间故障时，断开三相不进行自动重合。

2．三相重合闸

当线路上发生任何形式的故障时，保护动作均跳开三相断路器，自动重合三相断路器；当重合到永久性故障时，保护再次动作断开三相后不再重合。

3．禁止重合闸

保护装置不充电，本装置重合闸不能动作，发生故障时，保护可以选相跳闸。

4．停用重合闸

保护装置不充电，本装置重合闸不能动作，发生故障时保护装置直接三跳。

低频减载装置

当系统中出现有功功率缺额引起频率下降时，根据频率下降的程度，自动断开一部分不重要的用户，阻止频率下降，以使频率迅速恢复到正常值，也称为按频率自动减负荷装置。

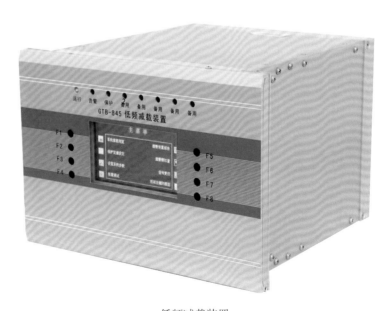

低频减载装置

备用电源自投装置

当工作电源因故障被断开后，能自动将备用电源迅速投入工作的一种装置，简称AAT装置。备用方式有：

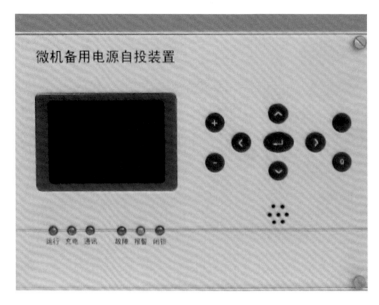

备用电源自投装置

　　（1）明备用。在正常情况下有明显断开的备用电源或备用设备。

　　（2）暗备用。在正常情况下没有明显断开的备用电源或备用设备，而是利用分段断路器取得相互备用。

变电站综合自动化

　　将变电站二次设备（包括测量仪表、保护装置、信号系统、自动装置和远动装置等）的功能综合于一体，实现对变电站主要设备的监视、测量、控制、保护以及与调度通信等自动化功能。

　　综合自动化系统包括微机监控、微机保护、微机自动装置、微机"五防"等子系统。它通过微机保护、测控单元采集变电站的各种信息（如母线电压、线路电流、断路器位置、各种遥信等），并借助通信手段，相互交换和上传相关信息。

监控系统是变电站综合自动化系统的核心系统。"五遥"是电力系统对调度自动化中遥测、遥信、遥控、遥调和遥视的简称。"五遥"功能是监控系统最重要的功能之一。

1. 遥测

遥测是指采集并传送变电站的主变压器、线路的有功功率、无功功率、电压、电流、功率因数、有功电能、无功电能、主频等状态信息至电力系统调度中心。

2. 遥信

遥信是指采集并传送变电站中电气设备的状态信号至电力系统调度中心。状态信号包括开关位置信号、隔离开关位置信号、变压器分接头信号、一次设备告警信号、保护跳闸信号、预告信号等。

3. 遥控

遥控是指接收并执行电力系统调度中心发送的命令，完成对断路器的分闸或合闸操作。

4. 遥调

遥调是指电力系统远程调节变电站中电气设备的各种参数。

5. 遥视

遥视是指以视频传输的方式将电力调度范围内的发电厂、变电站中电气元件的状况传送给调度中心。

五　防

"五防"是指防止电力系统倒闸操作中经常发生的五种恶性误操作事故：

（1）防止误分合断路器（操作指令和操作对象必须对应才能执行操作）。

（2）防止带负荷拉、合隔离开关（断路器在合闸状态下不能操作隔离开关）。

（3）防止带电合接地开关或挂接地线（只有断路器在分闸状态才能合接地开关/挂接地线）。

（4）防止带接地开关或挂接地线合断路器/隔离开关（只有当接地开关在分闸位置或接地线已拆除后，才能合隔离开关，才能操作断路器）。

（5）防止误入带电间隔（只有间隔不带电，才能开门进入间隔室）。

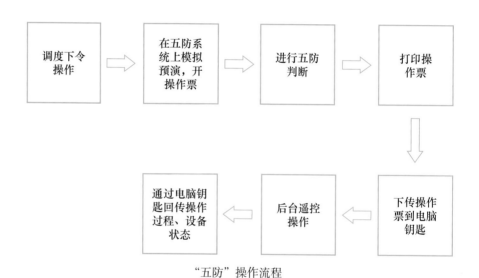

"五防"操作流程

五防系统由五防专家系统、电脑钥匙和锁具等几大部分组成。

正常运行时，监控系统定时向五防系统传送现场设备的实际状态（断路器、隔离开关的状态等）。当运行人员需要进行操作时，首先在五防系统上进行模拟（也就是开操作票），并将操作票下传到电脑钥匙。

实际操作时，当运行人员对任何一个设备进行遥控操作时，监控系统向五防系统发遥控命令。五防系统根据预先编写好的操作票判断：如果操作步骤与操作票步骤一致，则五防系统向监控系统发遥控运行命令，允许操作，并通过电脑钥匙回传设备状态；如果操作步骤与操作票不一致，则五防系统向监控系统发遥控禁止命令，拒绝操作，这样就起到了防止误操作的目的。

第七章 配电部分

配电就是电力系统中直接与用户相连并向用户分配电能的环节。

配电系统

配电系统是配电网及其二次系统组成的整体。是由多种配电设备（或元件）和配电设施组成的变换电压和直接向终端用户分配电能的一个电力网络系统。

在我国，配电系统可划分为高压配电系统、中压配电系统和低压配电系统。

配电网电压等级

从输电网或地区发电厂接受电能，通过配电设施就地或逐级分配给各类客户的电力网称为配电网。

配电设施包括配电线路、配电变压器、开关站、小区配电室、环网柜、分支箱等。

根据电压等级的不同，配电网可分为高压配电网（35kV、66kV、110kV）、中压配电网（3kV、6kV、10kV、20kV）、低压配电网（380/220V）；根据供电地域特点的不同，可分为城市配电网和农村配电网；根据配电线路的不同，可分为架空配电网、电缆配电网及架空电缆混合配电网。

在负载率较大的特大型城市，220kV电网也有配电功能。

配电网中的设备

配电变压器

　　配电变压器是利用电磁感应原理将配电电压由中压变换成低压的一种静止电器。容量通常在2500kVA及以下，直接向终端用户供电。

　　配电变压器主要由铁芯、绕组、套管、分接开关和绝缘等组成。

配电变压器

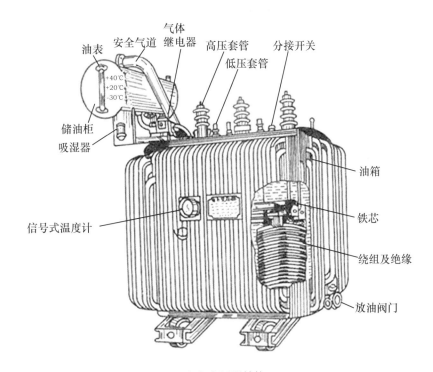

配电变压器结构

柱上变压器台

　　柱上变压器台也称为杆架式变压器台，是利用线路电杆组装的变压器台，它分为单柱台、双柱台、三柱台三种。柱上变压器台在农村应用比较普遍。

柱上变压器台

箱式变电站

箱式变电站，是将高压开关设备、配电变压器和低压配电装置等组合在一个或几个柜体内，形成可以整体吊装运输的箱式配电变电站。电压等级一般为10/0.4kV。箱式变电站具有结构紧凑、外观整洁、移动安装方便、维护量小及节省占地等优点，在城市配电网建设中被广泛应用。

我国使用的箱式变电站习惯称为欧式箱式变电站（国际上称为紧凑型或预装式箱式变电站）和美式箱式变电站（共箱组合式或平台式变电站）。

欧式箱式变电站

美式箱式变电站

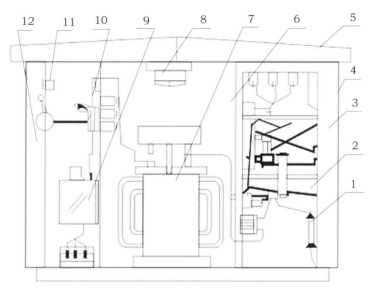

箱式变电站结构

1—避雷器； 2—环网开关柜； 3—高压室； 4—框架； 5—顶盖； 6—变压
器室； 7—变压器（干式、油浸式）；8—温控排风扇； 9—万能式断路器；
10—刀开关；11—计量与指示仪器； 12—低压室

环网柜　　　　环网柜是一组高压开关设备装在金属或非金属绝缘柜体内或做成拼装间隔式环网供电单元的电气设备，其核心部分采用负荷开关和熔断器，具有结构简单、体积小、价格低、可提高供电参数和性

环网柜

能以及供电安全等优点。它被广泛使用于城市住宅小区、高层建筑、大型公共建筑、工厂企业等负荷中心的配电站及箱式变电站中。

电缆分支箱　　　　随着配电网电缆化进程的发展，当容量不大的独立负荷分布较集中时，可使用电缆分支箱进行电缆多分支的连接，分支箱不能直接对每路进行操作，仅作为电缆分接或转接使用。

（1）电缆分接作用。在一条距离较长的线路上采用多根小面积电缆往往会造成电缆使用浪费，因此主干适宜用大电缆出线，然后在接近负荷的时候，使用电缆分支箱将主干电缆分成若干小面积电缆，由

小面积电缆接入负荷。这样的接线方式广泛用于城市电网中的路灯、小用户等供电。

（2）电缆转接作用。在一条较长的线路上，电缆的长度无法满足线路的要求时，就必须使用电缆接头或者电缆分支箱，通常短距离时采用电缆中间接头，但线路较长时，根据经验，在1000m以上的电缆线路上，如果电缆中间有多个接头，为了确保安全，会在其中考虑使用电缆分支箱进行转接。

电缆分支箱广泛用于户外，随着技术的进步，带开关的电缆分支箱也在不断增加，而城市电缆往往都采用双回路供电方式，于是有人直接把带开关的分支箱称为户外环网柜，但目前这样的环网柜大部分无法实现配网自动化，不过已经有厂家推出可以实现配网自动化功能的户外环网柜，这也使得电缆分支箱和环网柜的界限开始模糊了。

电缆分支箱

配电网自动化系统

配电网自动化系统是对配电网进行实时监视和控制，完成配电网运行自动化功能的自动化系统，由配电网自动化系统主站、配电网自动化系统子站、配电网自动化系统终端和配电网自动化通信系统构成。

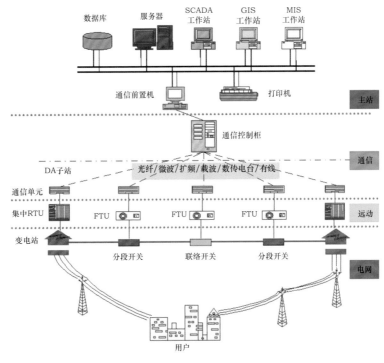

配电网自动化示意图

配电网自动化系统实现的功能

**配电网
自动化
系统**

它是完成单一或综合的配电网自动化功能的自动化系统总称。主要包括配电网运行自动化功能和配电网管理自动化功能。

1. 配电网运行自动化功能

配电网运行自动化功能主要包括数据采集与监控、自动故障定位/隔离与恢复供电、电压与无功控制、负荷管理等。

2. 配电网管理自动化功能

配电网管理自动化功能主要包括规划设计管理、配电网设备管理、缺陷管理、作业管理、停电管理、检修管理等。

**馈线自动
化功能**

馈线自动化是利用自动化装置或系统，监视配电线路的运行状况，及时发现线路故障，迅速诊断出故障区间并将故障区间隔离，快速恢复对非故障区间的供电。

馈线自动化主要包括：

（1）馈线控制及数据检测系统。正常状态下，可实现对各运行电量参数（包括馈线上设备的各种电量）的远方测量、监视和设备状态的远方控制。

（2）馈线自动隔离和恢复系统。当馈线发生相间短路故障或单相接地故障时，自动判断馈线故障段，自动隔离故障段，并恢复非故障段的供电。

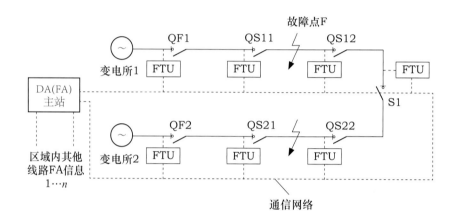

配电网自动化中的重要设备 ❓

重合器　交流高压自动重合器简称重合器，是一种自具控制（即本身具备故障电流检测和操作顺序控制与执行功能，无须提供附加继电保护和操作装置）及保护功能的高压开关设备。它能够自动检测通过重合器主回路的电流，故障时按反时限保护自动开断故障电流，并依照预定的延时和顺序进行多次地重合。

重合器外形

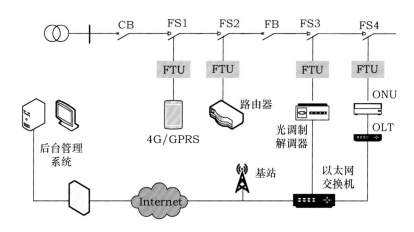

重合器主回路

CB—变电站出线重合器；FB—分段重合器；FS—智能分段器；FTU—智能终端

分段器

分段器是一种与电源侧前级开关配合，在失压或无电流的情况下自动分闸的开关设备。当发生永久性故障时，分段器在预定次数的分合操作后闭锁于分闸状态，从而达到隔离故障线路区段的目的。若分段器未完成预定次数的分合操作，故障被其他设备切除了，则其将保持合闸状态，并经一段延时后恢复到预先的整定状态，为下一次故障做好准备。分段器一般不能断开短路故障电流。

分段器外形

馈线终端设备

馈线终端设备（简称FTU）具有遥控、遥信、故障检测功能，并与配电自动化主站通信，提供配电系统运行情况和各种参数即监测、控制所需信息，包括开关状态、电能参数、相间故障、接地故障以及故障时的参数，并执行配电自动化主站下发的命令，对配电设备进行调节和控制，实现故障定位、故障隔离和非故障区域快速恢复供电等功能。

馈线终端设备

用户分界开关俗称"看门狗",是一种功能全新的10kV开关成套设备,安装在配电线路分支线上各用户的入口处,能够自动隔离所辖用户侧单相接地故障或相间短路故障的高压开关设备与控制设备。

用户分界开关应具备自动断开相间短路故障、自动切除单相接地故障、过负荷保护、监控与远方通信等功能。

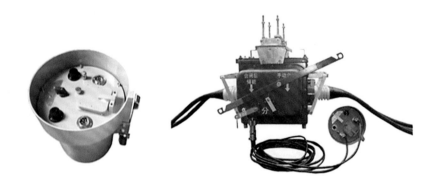

用户分界开关

配电线路的敷设方式

按敷设方式来区分,电力线路主要分为架空线路和电力电缆线路。架空线路就是电力导线由架空方式敷设组成的配电线路;电力电缆线路就是由电缆材料组成的电力线路。

架空线路

架空线路的特点

架空线路将导线用绝缘子和金具等架设在杆塔上，使导线与地面和建筑物保持一定距离而构成的配电设施。主要优点是造价低、维护方便，缺点占用通道大、单位通道输送功率较小、裸露带电部分多、故障率较高。

电力电缆线路

电力电缆线路的特点

电力电缆线路是采用电力电缆配送电能的配电线路。绝缘介质将金属导体与外界隔离，敷设在地下，少数采用架空敷设、桥梁敷设或水下敷设等。主要优点是占用土地资源较少，不影响城市市容，缺点是成本太高，故障难以发现和查找。

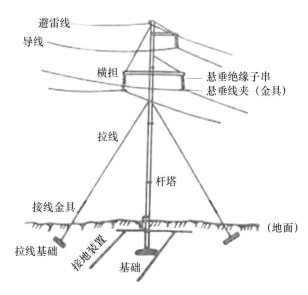

架空线路结构

架空线路主要由导线、避雷线、杆塔、横担、绝缘子、金具、拉线、基础、接地装置等元件组成。

电杆、横担

架空线路的电杆用于支撑导线，并使导线与地面、建筑物、电力线、通信线以及其他被跨越物之间保持一定的安全距离。电杆按所用材料一般分为钢筋混凝土电杆、钢管电杆、木杆等。

**电杆的
分类**

1. 按电杆的作用分类

（1）直线杆。直线杆又称为中间杆，用于线路直线中间部分，在平坦地区，这种杆塔占总数的80%左右。直线杆的导线用线夹和悬式绝缘子串挂在横担上或者用针式绝缘子固定在横担上，直线杆仅承受导线的重量。

（2）耐张杆。耐张杆又称为承力杆，与直线杆相比，其强度较大，导线用耐张线夹和耐张绝缘子固定在杆塔上，耐张绝缘子串的位置几乎与地面平行。耐张杆主要承受导线的拉力，它将线路分隔成若干耐张段，以便于线路的施工和检修。

（3）转角杆。转角杆用于线路的转角处，转角杆塔的型式根据转角的角度和导线截面的大小来确定。

（4）终端杆。终端杆是耐张杆的一种，用于线路的首端和终端，承受导线、地线单侧的拉力和重量，机械强度要求较大。

（5）跨越杆。跨越杆用于线路与铁路、道路、桥梁、河流、湖泊、山谷及其他交叉跨越之处，要求有较大的高度和机械强度。

2. 按架设的回路数分类

（1）单回路杆塔。在杆塔上只架设一回路的三相线路。

（2）双回路杆塔。在同一杆塔上架设两个回路的线路。

（3）多回路杆塔。在同一杆塔上架设两回以上的线路，一般用于出线回路较多、地面拥挤的发电厂、变电站及工矿企业的出线段。

横　担

横担安装在电杆的上部，用于安装绝缘子、固定导线。常用的横担有铁横担、木横担和瓷横担等。

铁横担用角钢制成，因其坚固耐用而被广泛使用。

瓷横担具有良好的电气性能，同时起到绝缘子的作用，能节省大量木材和钢材，降低线路造价。瓷横担表面经雨水冲洗后，污垢减少，可以减少线路维护工作量。木横担易加工，具有良好的防雷性能；但易腐蚀，维修费用较高，近年来逐渐被铁横担和瓷横担取代。

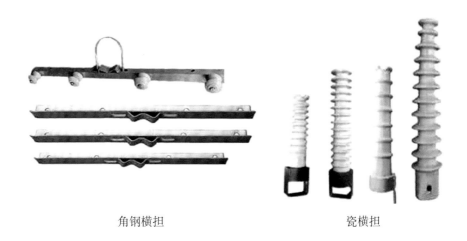

角钢横担   瓷横担

电杆基础

电杆基础用于稳定电杆，使电杆不致因承受垂直荷载、水平荷载、事故断线张力和外力作用而上拔、下沉或倾倒。在配电线路中，以钢筋混凝土电杆为主。

电杆基础一般采用底盘、卡盘、拉线盘，即"三盘"。"三盘"通常用钢筋混凝土预制而成，也可采用天然石料制作。底盘用于减少杆根底部地基承受的下压力，防止电杆下沉。卡盘用于增加杆塔的抗倾覆力，防止电杆倾斜。拉线盘用于增加拉线的抗拔力，防止拉线上拔。

混凝土杆

拉线

拉盘

卡盘

底盘

电杆基础

| 底盘 | 卡盘 | 拉线盘 |

绝缘子

绝缘子俗称瓷瓶，用于固定导线，并使带电导线之间或导线与大地之间绝缘。因为绝缘子不仅承受高压和机械力的作用，还受大气变化的影响，所以绝缘子不仅应满足绝缘强度和机械强度的要求，还需能承受温度的骤变。绝缘子按其形式可分为以下几种：

（1）针式绝缘子。按使用电压可分为高压针式绝缘子和低压针式绝缘子两种；按针脚的长度可分为长脚针式绝缘子和短脚针式绝缘子两种。长脚针式绝缘子用于木横担，短脚针式绝缘子用于铁横担。

（2）蝶式绝缘子。可分为高压蝶式绝缘子和低压蝶式绝缘子两种。

（3）悬式绝缘子。它包括悬式钢化玻璃绝缘子和悬式瓷绝缘子。

（4）瓷横担绝缘子。

（5）合成绝缘子（复合材料绝缘子）。

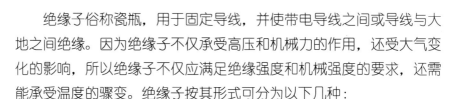

| 针式绝缘子 | 悬式绝缘子 |

| 蝶式绝缘子 | 瓷横担绝缘子 | 合成绝缘子 |

线路金具

　　线路金具是用来连接导线、安装横担和绝缘子以及拉线和杆上的其他电力设施的金属辅助元件。线路金具按用途分为支持金具（船形线夹）、紧固金具（耐张线夹）、连接金具、接续金具、拉线金具、保护金具。

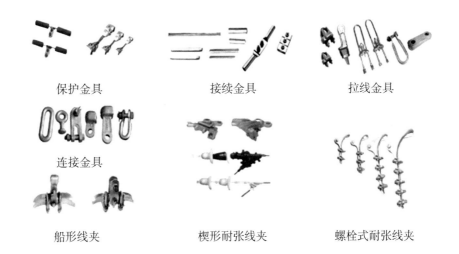

保护金具　　　　　　接续金具　　　　　　拉线金具

连接金具

船形线夹　　　　　　楔形耐张线夹　　　　螺栓式耐张线夹

导线

　　导线是架空线路的主要组成部分，它担负着传递电能的作用。导线通过绝缘子架设在杆塔上，它除了承受自身的重量和风、雨、雪等外力作用外，还要承受空气中化学杂质的侵蚀，因此，导线必须具备良好的导电性能和足够的机械强度，以及耐腐蚀性能，并应尽可能质量轻、价格低。

　　导线的材料采用铜、铝等金属，在输电线路中多采用钢芯铝绞线，其特点是机械强度大、质量轻。

1. 铜导线

　　铜导线具有良好的导电性能和足够的机械强度并且有很强抗腐蚀能力，新架设的铜导线架空线路运行一段时间，会在表面上形成很薄的氧化层，可防止导线进一步腐蚀，但因我国铜矿资源不足，造价高，除特殊要求外，一般采用铝导线。

2. 铝导线

铝导线的导电性能及机械强度仅次于铜导线。铝的导电率为铜的60%左右。铝导线要得到与铜导线相同的导电能力，其截面约为铜导线的1.6倍，但铝的质量轻，在同一电阻值下，约为铜质量的50%。铝导线极易氧化，氧化后的薄膜能防止导线进一步腐蚀，铝的抗腐蚀能力较差，而且机械强度小，但导线价廉、资源丰富，因此在10kV及以下的配电线路中广泛使用。

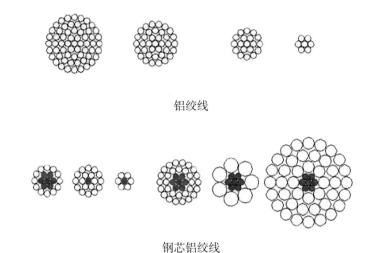

铝绞线

钢芯铝绞线

为提高机械强度，通常采用钢芯铝绞线。钢芯铝绞线是一种复合导线，它利用机械强度高的钢线和导电性能好的铝线组合而成，其导线外部为铝线，导线的电流几乎全部由铝线传输，导线的内部是钢线，导线上所承受的力的作用主要由钢线承担。铜芯铝绞线集这两种导线所长满足了架空线路的要求，广泛采用于高压输电线路中。

拉线

拉线作用　拉线用来平衡杆塔的横向荷载和导线张力、抵抗风力，以防止电杆倾倒，可减少杆塔材料的消耗量，降低线路造价。拉线多采用多股铁拉线绞成或由钢绞线制成，埋入地下。拉线底盘采用预制混凝土拉线盘。木杆拉线中间装设拉线绝缘子，以免雷击时通过拉线对地放电。导线与拉线之间必须保持安全距离。

（1）普通拉线。普通拉线就是我们常见的一般拉线，应用在终端杆、转角杆、分支杆及耐张杆等处，主要作用是平衡不平衡荷载。

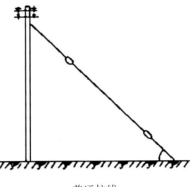

普通拉线

（2）人字拉线。人字拉线由两条普通拉线组成，装在线路垂直方向电杆的两侧，用于直线杆防风时，垂直于线路方向；用于耐张杆时顺线路方向。线路直线耐张段较长时，一般每隔7～10基电杆做一个人字拉线。

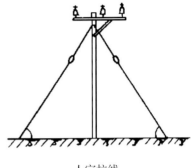

人字拉线

（3）十字拉线。十字拉线又称四方拉线，一般在耐张杆处装设。为了加强耐张杆的稳定性，安装顺线路人字形拉线和横线路人字形拉线，总称十字形拉线。

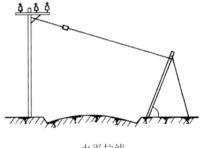

水平拉线

（4）水平拉线。水平拉线又称为高桩拉线，在不能直接作为普通拉线的地方，如跨越道路等地方，则可作为水平拉线。高桩拉线通过高桩将拉线升高一定高度，不会妨碍车辆的通行。

（5）弓形拉线。弓形拉线又称自身拉线。受地形或周围自然环境限制时，不能安装普通拉线，一般可安装弓形拉线。弓形拉线的效果会有一定折扣，必要时可采用撑杆，撑杆可以看成是特殊形式的拉线。

（6）V形拉线。V形拉线主要应用在电杆较高、有多层横担的电杆上，V形拉线不但能防止电杆倾覆，而且可防止电杆承受过大的弯矩，装设时可以在不平衡作用力合成点上下两处安装V形拉线。

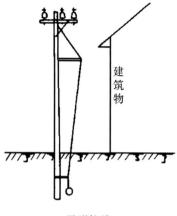

建筑物

弓形拉线

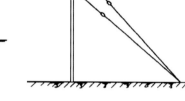

V形拉线

拉线结构

　　线路电杆拉线大多采用钢绞线、楔形线夹、拉线盘等新材料，可进一步改善拉线的承力，使安装、调整过程简单化。拉线结构从上到下，一般由下列元件构成：拉线抱箍、延长环、楔形线夹（俗称上把）、绞线、拉线绝缘子、绞线、UT型线夹（俗称下把、底把）、拉线棒和拉线盘。

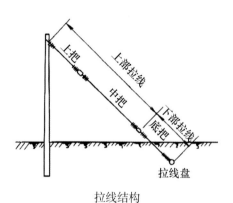

拉线结构

电力电缆

　　电力电缆是用于传输和分配电能的电缆，电力电缆常用于城市地下电网、发电站引出线路、工矿企业内部供电及过江海水下输电线。在电力线路中，电缆所占比重正逐渐增加。电力电缆是在电力系统的主干线路中用以传输和分配大功率电能的电缆产品，包括1kV及以上各种电压等级、各种绝缘的电力电缆。

电力电缆分类

1. 按电压等级
按电压等级可分为高压电缆和低压电缆。

2. 按传输电能形式
按传输电能形式可分为交流电缆和直流电缆。

3．按结构特征

按结构特征可分为统包型、分相型、钢管型、扁平型、自容型电缆。

4．按绝缘材料

（1）油浸纸绝缘电力电缆。以油浸纸作绝缘的电力电缆，其应用历史最长。其优点是安全可靠，使用寿命长，价格低廉。主要缺点是敷设受落差限制。自研发出不滴流油浸纸绝缘后，解决了落差限制问题，使油浸纸绝缘电力电缆得以继续广泛应用。

（2）塑料绝缘电力电缆。绝缘层为挤压塑料的电力电缆。常用的塑料有聚氯乙烯、聚乙烯、交联聚乙烯。塑料电缆结构简单，制造加工方便，质量轻，敷设安装方便，不受敷设落差限制。因此广泛应用于中低压电缆，并有取代黏性浸渍油纸电缆的趋势。其最大缺点是存在树枝化击穿现象，限制了其在更高电压等级中的使用。

（3）橡胶绝缘电力电缆。绝缘层为橡胶加上各种配合剂，经过充分混炼后挤包在导电线芯上，经过加温硫化而成。其优点是柔软，富有弹性，适合于移动频繁、敷设弯曲半径小的场合。

电力电缆基本结构

电力电缆由线芯（导体）、绝缘层和保护层三部分组成。

1．线芯

线芯是电力电缆的导电部分，用于输送电能，是电力电缆的主要组成部分。

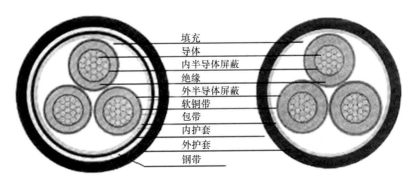

填充
导体
内半导体屏蔽
绝缘
外半导体屏蔽
软铜带
包带
内护套
外护套
钢带

线芯

2．绝缘层

绝缘层是将线芯与大地以及不同相的线芯间在电气上彼此隔离，保证电能输送，是电力电缆结构中不可缺少的组成部分。

3. 保护层

保护层的作用是保护电力电缆免受外界杂质和水分的侵入，以及防止外力直接损坏电力电缆。保护层一般包括填充物、内护套、钢带、外护套。

1. 直埋敷设

直埋敷设具有投资少的显著优点，是广为采用的一种敷设方式。敷设电缆前，应检查电缆表面有无机械损伤，并用1kV绝缘电阻表摇测绝缘，绝缘电阻一般不低于10MΩ。

直埋敷设

2. 排管敷设方式

排管敷设方式指将电缆敷设在预先埋设于地下的管子中的一种电缆安装方式。一般用于交通频繁、城市地下走廊较为拥挤的地段。其优点是土建工程一次完成，其后在同途径陆续敷设电缆时，不必重复开挖道路，此外不易受到外力机械损坏。其不足之处，一是电缆散热条件较差，降低了载流量；二是建设成本较高。

排管敷设

3. 隧道或地下管廊敷设方式

隧道或地下管廊敷设方式指将电缆敷设在地下隧道内的一种电缆安装方式。用于高电压、大截面、长距离的重要电缆线路敷设，以及城市中心区域电缆线路较多等不易经常开挖的场所及穿越江河、机场跑道等区域。在隧道中敷设电缆必须考虑的问题是防火和防潮。

隧道敷设

电缆接头

电缆接头是指电力电缆线路中的终端和中间接头等电缆附件。只有通过电缆附件，才能实现电缆与电缆之间的连接，以及电缆与架空线路、变压器、断路器等输电线路和电气设备的连接，完成电能的输送和分配。

1. 电缆终端接头

安装在电缆末端，以使电缆与其他电气设备和架空输电导线相连接，并维持绝缘直至连接点的装置。电缆终端头具有均匀电缆末端电场分布，实现电应力的有效控制的功能。

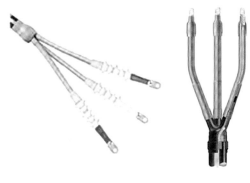

冷缩终端头   终端热缩头

2. 电缆中间接头

电缆中间接头是连接电缆与电缆的导体、绝缘层、屏蔽层和保护层，以使电缆线路连续的装置。主要作用是电应力控制、电缆与电缆之间的电气连接、电缆的接地、接头两侧电缆金属护套的交叉互联，使电缆保持密封，并保证电缆接头处的绝缘等级，使其安全可靠地运行。

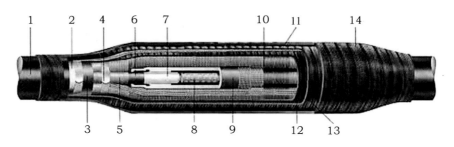

电缆中间接头结构

1—电缆；2—铠装；3—电缆内护层；4—恒力弹簧；5—铜屏蔽带；6—半导电层；
7—主绝缘；8—接线芯管；9—接头本体；10—铜屏蔽网；11—编织地线；
12、13—防水胶带；14—装甲带

第八章 电网调度

调度的主要任务

控制电力系统运行方式，使之在正常和事故情况下，安全、经济、高质量的供电。电力系统调度需达到四保证：保证供电质量优良；保证系统运行经济性；保证具有较高的安全水平；保证具有强有力的事故处理措施。

调度分级

我国电网一般为五级调度，即国调、网调、省调、地区调、县（市）调五个层次。内蒙古电网作为独立电网，现在分为三级调度 —— 省调、地调、县调。

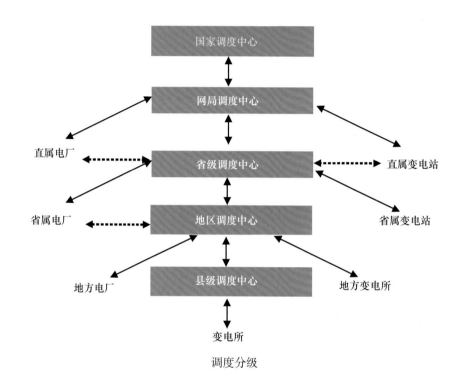

调度分级

调度自动化系统的任务

电力系统调度自动化系统的任务是综合利用电子计算机、远动和远程通信技术，实现电力系统调度管理自动化，有效地帮助调度员完成调度任务。

调度自动化的功能

电力系统调度自动化功能一般包括：

（1）安全监控；

（2）自动发电控制；

（3）经济调度控制；

（4）断路器监控；

（5）状态估计；

（6）事故预想评价；

（7）在线潮流监控；

（8）电压监控；

（9）优化潮流；

（10）自动电压无功控制等。

调度自动
化的发展

第三阶段：
计算机技术、
通信技术、
网络技术
（快速发展阶段）

第二阶段：
计算机技术
（第二阶段）

第一阶段：
布线逻辑式
远动技术
（初级阶段）

调度自动化的发展历程

1. 初级阶段（20世纪50年代中期）

利用远动技术实现了"四遥"，即：遥信、遥测、遥控、遥调。

2. 第二阶段（20世纪60年代）

电子计算机在电力系统调度工作中的应用，它包括集中式系统和分布式系统两个阶段，出现了电网SCADA(Supervisory Control and Data Acquisition)系统。

3. 快速发展阶段（20世纪80年代）

在SCADA的基础上，又发展为包括许多高级功能的能量管理系统 EMS (Energy Management System)。

随着计算机技术、通信技术和网络技术的飞速发展，SCADA/EMS 技术进入了一个快速发展阶段。在短短数年间就经历了集中式到分布式又到开放分布式的三代推进。

第九章 电力市场营销

电力公司营销体系构成

目前，电力公司各供电局营销专业基本架构由营销部（处）和业务支撑单位计量中心、客户服务中心、抄表中心、营销管控中心构成，根据地域、客户分布不同，还设有各分局、大用户管理处、开发区分局等若干分局。

营销部（处）：各盟市供电单位市场营销部（处）作为本单位市场营销工作的归口管理部门，主要负责对基层工作加强管理、科学指导。

计量中心：主要负责本供电辖区内 10kV及以上电能计量装配、电能采控终端的资产管理、室内检测及现场运维工作，负责对本供电单位分局计量装表、集抄运维业务进行相关技术指导工作。

抄表中心：待各局营销费控采集系统改造到位后，逐步分流抄表人员到供电分局，抄表中心撤销。

客户服务中心：主要负责业扩报装、95598 的具体服务工作，目前，各供电局增设客户服务快速响应（调度）中心。

营销管控中心：执行营销管控管理制度、工作标准、考核办法，业务过程的监控、展示、分析与评价，执行专项督办、告警指标分析等，负责电费结算全过程的管理。

各分局：根据班组建制不一，设有营业站、用电检查班、急修班、运检班、电缆班、技术室等。

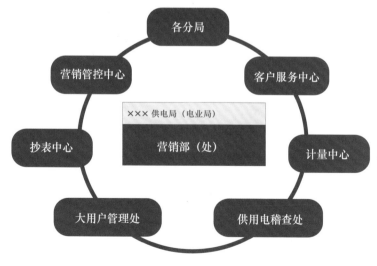

电力公司营销基本架构

大用户管理处：负责营业抄核收、用电检查、停送电管理、合同签订及变更、用户违约用电和窃电的查处。

供用电稽查处：负责各供电分局营业行为是否合规合法、用户违约用电和窃电的查处及安全管理等工作。

内蒙古电力公司营销体系

内蒙古电力公司营销体系由市场营销部和两个业务支撑机构组成。

市场营销部作为公司营销工作的归口管理部门，全面负责编制营销发展规划并组织实施，做好售电市场开拓、客户服务、需求侧管理等工作，同时负责营销业务的指导、管理、监督检查与考核评价等工作。

业务支撑机构有内蒙古电力供用电稽查局和内蒙古电力营销服务与运营管理中心。内蒙古电力供用电稽查局负责供用电业务的在线稽查、常态稽查、专项稽查、巡检稽查，强化对供用电业务工作的监督、指导和服务。　内蒙古电力营销服务与运营管理中心，主要负责以市场为导向，以客户为中心，构建"大营销、大服务"平台与监控体系，为公司改革及供电营销服务提供业务支撑。下设三个中心，即电能计量中心、95598 服务中心、营销管控中心。

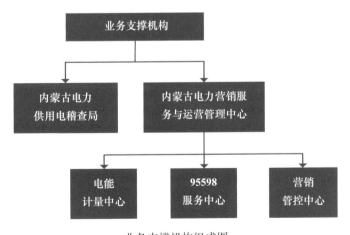

业务支撑机构组成图

电能计量

电是商品，是电力企业的产品。电能不便大量储存，其发电、输电、用电必须同时进行，具有一定的特殊性。作为商品，其交易过程必须做到计量准确、买卖公平。

电能计量原因

从发电厂发出电能开始到用户使用为止，中间要经过多级输电线路和配电装置。为了计量在产、供、销各个环节中流通的电能数量，使经济核算更准确、生产调度更合理，线路中装设了大量的电能计量装置，用于计量发电量、厂用电量、供电量和销售电量、线损电量等。

电能计量装置相当于电力企业的一杆秤，这杆秤准确与否，不仅关系到电力企业投资者、经营者的经济利益，同时也关系到每一个使用者的利益。

电能计量装置组成

一般我们把电能表、与电能表配合使用的互感器以及互感器到电能表之间的二次回路，统称为电能计量装置。

电能表俗称电度表，是电能计量装置的核心部分，其作用是计量负载消耗的或电源发出的电能。电能在我们日常生活中，常被叫做电量。

互感器是将电网一次侧的高电压和大电流转化为二次侧的低电压和小电流的计量设备。它是一次系统和二次系统的联络单元。

二次回路是指互感器的二次线圈、电能表的线圈以及连接二者的导线所构成的回路。

计量装置

=

电能表

+

互感器

+

二次回路

电能计量方式

电能计量方式有三种，即高供高计、高供低计及低供低计。

高供高计　　　是指电能计量装置安装在用户受电变压器的高压侧，高压侧供电高压侧计量。

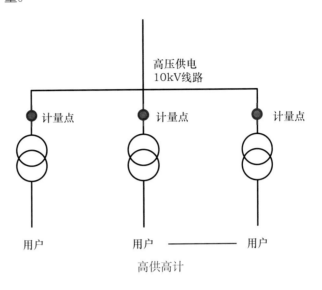

高供高计

高供低计　　　是指电能计量装置安装在用户受电变压器的低压侧，高压侧供电低压侧计量。由于高供低计装置没有计入变压器损耗，所以在计算电量时应计算变压器损耗。

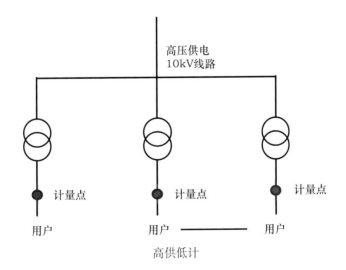

高供低计

低供低计　　　是指电能计量装置安装在低压线路上的用户处，低压侧供电低压侧计量，一般为公用变压器用户的计量方式。

画说电力系统常识

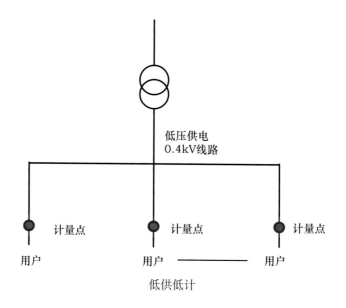

低压供电
0.4kV线路

计量点　　　　　计量点　　　　　计量点

用户　　　　　用户 ————— 用户

低供低计

常用的电能表种类

按照电能表的工作原理，分为感应式、机电式、电子式电能表。

感应式电能表　　　　机电式电能表　　　　电子式电能表

按照电能表的常用用途，分为有功电能表、无功电能表、最大需量电能表、复费率电能表、预付费电能表、多功能电能表、智能电能表等。

传统的用电模式是用户先用电，然后根据电能表的指示数交付电费，即先用电后付费。但是这种用电营销模式造成拖欠电费现象严重。为了解决这个问题，出现了一种新的用电营销模式，即先付费后用电，用户使用预付费电能表。预付费用户的用电控制又分为两种，即费控和量控。

量控购买
的是电量

费控购买
的是电费

用户缴纳电费购买电量，对电能表进行插卡，电能表内扣减指针差值。

用户缴纳电费，通过远程或者本地方式将电费充值到电能表内，表计本身计费后扣减电费。

目前，随着电力技术的发展，为了满足自动抄表、负荷控制和分时计量等新技术的需要，实现电能计量自动化，全面推广使用智能电能表。

用户觉得电能表走得快怎么办？

电能表计量的数据是供电部门收取电费的直接依据，关系到用户的利益。在实际生活和生产中，用户觉得电能表走得快怎么办？

《供电营业规则》规定，供电企业必须按规定的周期校验、轮换计费电能表，并对计费电能表进行不定期检查。用户发现电能表不准时，有权向供电企业提出校验申请，在用户交付验表费后，供电企业应在七天内检验，并将检验结果通知用户。如计费电能表的误差在允许范围时，验表费不退；如计费电能表的误差超出允许范围时，除退还验表费外，还应按《供电营业规则》规定退补电费。用户对检验结果有异议时，可向供电企业上级计量检定机构申请检定。用户在申请验表期间，其电费仍应按期缴纳，验表结果确认后，再行退补电费。

电能表的"一生"

从电能表的"一生"可以看出，电能表会经历多次"身体检测"，一旦不合格，将面临返厂修理或者报废处理。

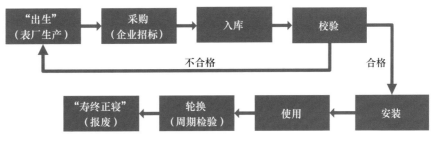

电能表的"一生"

抄表方式

电力营销业务系统中已实现的抄表方式有手工抄表、抄表器抄表、采集控制终端远抄三种抄表方式。

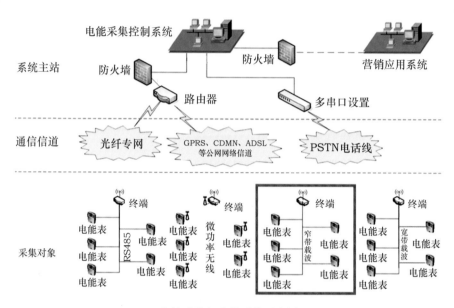

电能采集与监控系统示意图

抄表例日是指在一个抄表周期内默认的抄表日。是对用户相对固定的抄表时间。

抄表周期是连续两次正常抄表结算间隔的时间。通常居民用户为每两个月抄表。

电价

电价分类

我国的电价按用户类别分为居民生活用电、一般工商业用电、大工业用电及农业生产用电四大类。

（1）居民生活用电包括城乡居民住宅用电、城乡居民住宅小区公用附属设施用电、学校教学和学生生活用电、社会福利场所生活用电、宗教场所生活用电、城乡社区居民委员会服务设施用电。

（2）农业生产用电包括农业用电、林木培育和种植用电、畜牧业用电、渔业用电、农业灌溉用电、农产品初加工用电。

（3）一般工商业用电包括非居民照明用电、普通工业用电、非工业用电。

（4）大工业用电是指受电变压器（含不通过受电变压器的高压电动机）容量在315kVA及以上的下列用电：电冶炼、烘焙、熔焊、电解、电化、电热的工业生产用电；铁路、航运、电车及石油加压站生产用电；自来

居民电价

工业电价

商业电价

农业电价

水、工业实验、电子计算中心、垃圾处理、污水处理生产用电；中小化肥用电等。

保证电力企业的合理收入	为什么要对电价进行分类？	国家经济政策需要
促进合理节约能源		公平合理的需要

目前，我国电价的分类方法种类较多，计算也较为复杂。随着经济的不断发展，以及电力体制和输配电价的改革，电价制度也将进一步改革。

关于电价不可不知的几个问题

什么叫电价

电价是电能价值的货币表现，是电能这个特殊商品在电力企业参加市场活动，进行贸易结算的货币表现形式，是电力商品价格的总称。它由电能成本、税金和利润构成。

电价 = 电能成本 + 盈利（包括利润和税金）

电价是谁定的

我国电价管理实行统一政策、统一定价、分级管理的原则。各级政府价格主管部门负责对销售电价的管理、监督。在输、配分开前，销售电价由国务院价格主管部门负责制定；在输、配分开后，销售电价由省级人民政府价格主管部门负责制定，跨省的报国务院价格主管部门审批。

上网电价　　　网间互供电价　　　销售电价

发电　　　　　　输电　　　　　　配电　　　　　　售电

电价按生产流通环节，主要分为上网电价、网间互供电价、销售电价。

单一制电价和两部制电价

单一制电价　是以用户安装的电能表计每月表示出的实际用电量为计费依据的一种电价制度。

两部制电价　包括基本电价和电量电价两部分。两部制电价制度是指基本电费按用户的最大需量或用户接装设备的最大容量计算，电量电费按用户每月记录的用电量计算的电价制度。我国一般对工业生产用电，即受电变压器总容量为315kVA及以上的工业生产用电实施两部制电价制度。

阶梯电价

居民阶梯电价是指将现行单一形式的居民电价，改为按照用户消费的电量分段定价，用电价格随用电量增加呈阶梯状逐级递增的一种定价机制。2012年3月28日，国家发展和改革委员会发文实施

居民阶梯电价方案。

例如，内蒙古自治区居民阶梯电价自2012年7月1日起执行。对于"一户一表"的城乡居民用电户，月用电量分为三个档次：第一档电量为170kWh及以下，用电价格不变；第二档电量为171～260kWh，用电价格在第一档电价的基础上提高0.05元/kWh；第三档电量在261kWh及以上，用电价格在第一档电价的基础上提高0.30元/kWh。

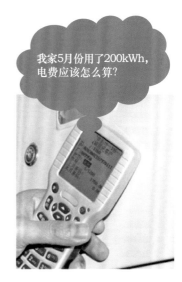

我家5月份用了200kWh，电费应该怎么算？

对未实行"一户一表"的合表居民用户和执行居民电价的非居民用户，暂不执行居民阶梯电价，电价水平按居民电价平均提价水平调整，全区执行统一标准，电价提高0.012元/kWh。

算一算

该用户为低压居民用户，第一档电价为0.43元/kWh，第二档电价为0.48元/kWh。

5月份电费=170×0.43+（200-170）×0.48=87.5（元）

这个月应交电费87.5元。

电费计算

单一制电价用户

执行单一制电价制度的用户，每月应付的电费与其设备容量和用电时间均无关，仅以实际用电量计算电费，用多用少均为一个单价。

目前，单一制电价用户分为一般单一制电价用户和执行功率因数调整电费办法的用户。

（1）一般单一制电价用户的电费构成：

总电费=电量电费=结算电量×电量电价

（2）执行功率因数调整电费办法用户的电费构成：

总电费=电量电费＋功率因数调整电费

电量电费=结算电量×电量电价

功率因数调整电费=电量电费×功率因数调整系数

两部制电价用户

两部制电价用户的电费构成：
总电费=基本电费+电量电费+功率因数调整电费

基本电费

基本电费与其实际用电量不发生关系，仅按用户变压器容量或最大需量计算，用不用电都要交费，类似于交电话的月租费。

基本电费以月计算，但新装增容、变更和终止用电当月的基本电费，可按实际天数（日用电不足24h的，按一天计算），每日按全月基本电费的1/30计算。事故停电、检修停电、计划限电不扣减基本电费。

功率因数调整电费

功率因数调整电费指电力用户的功率因数低于或高于国家相关标准，依据有关规定增收或减收的电费。

功率因数调整可发挥经济杠杆的作用

功率因数计算

$$\cos \varphi = P \Big/ S = \frac{P}{\sqrt{P^2 + Q^2}} \qquad 或 \quad \cos \varphi = \frac{W_P}{\sqrt{W_P^2 + W_Q^2}}$$

式中 P —— 有功功率，W；

$\quad\ \ Q$ —— 无功功率，var；

$\quad\ \ S$ —— 视在功率，VA；

$\quad\ \ \varphi$ —— 功率因数角；

$\quad\ \ W_P$ —— 有功电量，kWh；

W_Q —— 无功电量，kvarh。

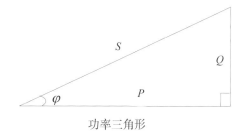

功率三角形

哪些用户执行功率因数调整电费？

执行功率因数调整电费需满足以下条件：

（1）变压器容量（≥100kVA）

（2）非居民用户（如工业用电设备）

变压器容量≥100kVA　　　工业用电设备

功率因数的标准值及其适用范围

（1）功率因数标准值为0.90。适用于160kVA以上的高压供电工业用户、装有带负荷调整电压装置的高压供电电力用户和3200kVA及以上的高压供电电力排灌站。

（2）功率因数标准值为0.85。适用于100kVA（kW）及以上的其他工业用户、100kVA（kW）及以上的非工业用户和100kVA（kW）及以上的电力排灌站。

（3）功率因数标准值为0.80。适用于100kVA（kW）及以上的农业用户。

用户功率因数的高低，对发、供、用电设备的充分利用，节约能源和改善电压都有着重要的影响。

提高功率因数，是一个双赢的选择！

如何交电费

① 供电营业厅交费
到各供电营业厅柜台，告知用电户号，就可交费。

② POS机交费
在各供电营业厅的柜台通过POS机刷卡交费。

③ 银行交费
目前可到多家银行柜台，告知用电户号，就可交费。

④ 手机交费
通过手机登录支付宝、微信等进行交费。

⑤ 市政"一卡通"交费
可用手中的"一卡通"便民服务卡进行交费。

⑥ 网上交费
可登录"95598"网站，各商业银行网站，通过网上营业厅交费。

⑦ 客服电话交费
拨打"95598"客服电话，按照电话里的提示交费。

电费回收

　　电费回收是营业管理中抄、核、收工作环节中的最后一个环节，也是供电企业资金周转的一个重要环节，用户拖欠电费的，国家规定供电企业有权加收违约金。

电费违约金

　　其标准是：

　　（1）居民用户，每日按欠费的1‰计算。

　　（2）其他用户，当年欠费，每日按欠费总额的2‰计算；跨年度欠费，每日按欠费总额的3‰计算。

　　注意：电费违约金收取按日累加计收，总额不足1元按1元收取。

　　自逾期之日起计算超过30日，经催交仍未交付电费的，供电企业可以按照国家规定的下列程序办理停止供电：

　　（1）应将停电的用户、原因、时间报本单位负责人批准。批准权限和程序由省网经营企业制定。

　　（2）在停电前3～7天内，将停电通知书送达用户，对重要用户的停电，应将停电通知书报送同级电力管理部门。

　　（3）在停电前30min，将停电时间再通知用户一次，方可在规定时间实施停电。

　　（4）引起停电或限电的原因消除后，供电企业应在三日内恢复供电，不能在三日内恢复供电的，供电企业应向用户说明原因。

95598业务

　　95598供电服务热线是集计算机网络技术、自动呼叫分配（ACD）技

术、计算机电话集成（CTI）技术、交互式语音应答（IVR）技术以及数据库于一体的网络化综合业务服务平台。

95598主要有客户服务功能和监督管理功能。其基本功能主要有：

（1）咨询、查询；

（2）故障报修；

（3）投诉、举报及建议；

（4）营销业务受理；

（5）信息发布；

（6）主动服务；

（7）服务信息统计分析。

95598供电服务热线有六大方面职责：

（1）是满足客户服务需求的平台；

（2）是受理客户咨询、查询的平台；

（3）是受理客户投诉、举报、建议的平台；

（4）是供电服务过程监督、检查和评价的平台；

（5）是为公司提供最基础数据的平台；

（6）是提供服务宣传的平台。

业扩报装 ?

新装、增容（包括临时用电）与变更用电合称业务扩充，也叫业扩报装，简称业扩，是从受理客户用电申请到向客户正式供电为止的全过程，是供电企业售前服务行为。

业扩报装应坚持：一口对外、便捷高效、三不指定、办事公开。

新装用电

新装用电包括以下类别：

（1）低压居民新装；

（2）低压非居民新装；

（3）集体报装；

（4）高压新装；

（5）装表临时用电；

（6）无表临时用电新装。

增容用电

增容用电包括以下类别：

（1）低压居民增容；

（2）低压非居民增容；

（3）高压增容。

变更用电

变更用电是指用户因某种原因改变供用电合同的一项或多项条款的业务工作。具体类别包括：①减容；②暂停；③暂换；④迁址；⑤移表；⑥暂拆；⑦更名或过户；⑧分户；⑨并户；⑩销户；⑪改压；⑫改类等。

用电检查

用电检查是指为了维护正常的供用电秩序，维护社会的公共安全而对用电客户实施的检查。用电检查行为是供电企业的行为，不同于司法机关执法，也不是行政执法，是供用电双方的供电方对用电方实行的检查。

目 的

用电检查的目的是：

（1）保证和维护供电企业和电力用户的合法权利；

（2）保证电网和电力用户的用电安全；

（3）通过用电检查人员对用户的上门服务，树立供电企业的形象，增强在市场中的竞争实力，开拓电力市场。

职 责

用电检查的职责是：

（1）宣传贯彻国家有关电力供应与使用的法律、法规、方针、政策以及国家和电力行业标准、管理制度。

（2）负责并组织实施下列工作：

1）负责用户受（送）电装置工程电气图纸和有关资料的审查；

2）负责用户进网作业电工培训、考核并统一报送电力管理部门审核、发证等事宜；

3）负责对承装、承修、承试电力工程单位的资质考核，并统一报送电力管理部门审核、发证；

4）负责安全用电（包括谐波源治理）、节约用电、计划用电措施的推广；

5）负责安全用电知识宣传和普及教育工作；

6）参与对用户重大电气事故的调查；

7）组织并网电源的并网安全检查和并网许可工作；

8）组织营业普查工作；

9）及时完成报表工作。

营销稽查

营销稽查工作是电力营销工作的重要内容之一，不仅关系到供电企业的自身利益和形象，也关系到用户的切身利益。由于用电业务办理的环节多、管理部门多、用户类型多、业务多，就必须对各个环节进行检查，减少各种差错。

职　责

营销稽查的职责是：

（1）检查、监督、考核用电营销工作质量，检查对国家有关电力供应与使用的方针、政策、法律、法规和供用电管理方面的工作标准、规章制度执行情况。

（2）查处营销部门发生的营业工作差错与责任事故，按照"三不放过"的原则进行分析，并帮助其制定防范措施。

（3）协助有关部门查处营销人员在电力营销工作中的违章、违纪行为。

（4）开展营业普查工作，依法查处用户违反国家电力法律、法规违约用电行为。

（5）贯彻"预防为主、查防结合"的方针，广泛宣传电力法规。

（6）查处隐瞒电力营销工作中发生的营业工作责任事故的行为；查处电力职工内外勾结、以电谋私、有损企业利益的行为；查处用电客户违反国家有关法律、法规以及"供用电合同"条款的约定等各种违约用电、窃电行为和其他违反营销管理法规的行为。

内部营销稽查

内部营销稽查包括：

（1）对业扩各环节全过程的检查。

（2）对用户所执行的电价正确与否、向用户收费合理与否进行检查。

（3）对抄表到位率、差错率进行检查和抽查。

（4）对电费差错率进行检查。

（5）对电费回收率进行检查。

（6）负责退补电量、电费的审核工作。

（7）按期进行用电工作的综合分析和专题分析，提出整改意见，以提高管理水平，改进服务质量。

窃电

窃电是一种以非法侵占使用电能为形式，实质以盗窃供电企业电费为目的的行为，是一种严重的违法犯罪行为。窃电不仅破坏了正常的供用电秩序，还盗窃了电能，使供电企业遭受经济损失。

窃电行为

窃电行为包括：

（1）在供电单位的供电设施上，擅自接线用电；

（2）绕越供电单位安装的电能计量装置用电；

（3）伪造或开启供电单位电能计量装置；

（4）故意损坏供电单位电能计量装置；

（5）故意使供电单位的电能计量装置不准或失效；

（6）采用其他方法窃电。

窃电行为的处罚

依据《中华人民共和国电力法》《电力供应与使用条例》和《供电营业规则》中的相关规定，盗窃电能的，由电力管理部门责令停止违法行为，并可当场中止供电。追缴电费并处应交电费五倍以下的罚款；构成犯罪的，依照刑法追究刑事责任。

线损

在电力传输分配过程中产生的有功功率损失和电能损失，统称为线路损失（简称线损）。线损产生的原因一般包括传输过程中线路和设备对电能固定的损耗、技术原因导致的电能损耗以及管理上有漏洞或发生窃电等行为造成的损耗。

供电量与售电量	供电量是指供电负荷（包括用电负荷和线路损失负荷）在一段时间内供出的电能。售电量是指用电负荷消耗的电能，通过供电企业的电能计量表计测定并记录的各类用户使用电能的总和。供电企业在售电过程中，售电量少于供电量。
统计线损、理论线损、管理线损	统计线损是根据电能表指数计算出来的，是供电量与售电量的差值，也是实际线损。 理论线损是根据供电设备的参数和电力网当时的运行方式及潮流分布以及负荷情况，由理论计算得出的线损，理论线损必然存在。 管理线损是由于管理方面的因素而产生的损耗电量，它等于统计线损（实际线损）与理论线损的差值。
线损率	线损率=（线损电量/供电量）×100% 其中，线损电量=供电量-售电量 线损产生于输电、变电、配电、售电各个环节，线损率作为衡量电网企业生产经营技术经济性的重要指标，综合反映了公司规划设计、调度、运维和营销的技术管理水平。随着电力先进技术的应用，管理水平的日益提高，线损会逐年下降。

供用电合同

供用电合同是供电方向用电方供电，用电方支付电费的合同。通常，供用电合同是以用电方提出用电申请为要约，供电方批准用电申请为承诺而订立的。

供用电合同类别

供用电合同包括：
(1) 高压供用电合同；
(2) 低压供用电合同；
(3) 临时供用电合同；
(4) 居民供用电合同；
(5) 分布式新能源合同。

供用电合同有效期

供用电合同有效期分别为：

（1）特大用户供用电合同有效期为两年；

（2）高压供用电合同有效期为三年；

（3）低压供用电合同有效期为五年；

（4）临时供用电合同有效期为一年。

特殊情况需要续签的由用电方提出，经双方协商同意后方可延续。

供用电合同主要条款

供用电合同主要条款包括：

（1）供电方式、供电质量和供电时间；

（2）用电容量、用电地址和用电性质；

（3）计量方式和电价、电费结算方式；

（4）供用电设施维护责任的划分；

（5）供用电合同的有效期；

（6）违约责任；

（7）双方共同认为应当遵守的其他条款。

第十章 电力通信

通信网　通信网是用各种通信手段和一定的连接方式，将一定数量的终端设备、传输系统、交换系统等连接起来的通信整体，是按约定的信令或协议完成任意用户间信息交换的通信体系。或者说，由一些彼此关联的分系统组成的完整的通信系统统称为通信网。

电力通信网　电力通信网是国家专用通信网之一，是电力系统的重要组成部分，是电网调度自动化、电网运营市场化和电网管理信息化的基础，是确保电网安全、稳定、经济运行的重要手段。

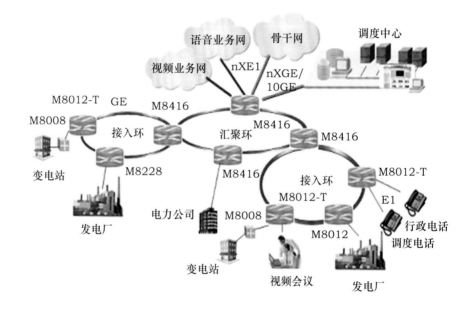

电力通信网

电力通信网分级

1. 一级骨干通信网
以公司总部为核心，连接区域公司，覆盖国调直调变电站及电厂的通信网络。

2. 二级骨干通信网
以区域公司为核心，连接区域内各省公司，覆盖网调直调变电站及电厂的通信网络。

3. 三级骨干通信网
以省公司为核心，连接各地市公司，覆盖省调直调变电站及电厂的通信网络。

4. 四级骨干通信网

以地市公司为中心，连接所属各县局，覆盖地调直调变电站和电厂的通信网络。

5. 终端接入网（配用电通信网）

以110、66、35kV变电站为起点，沿10kV配电线路覆盖配电自动化站点和用户表计的通信网络。

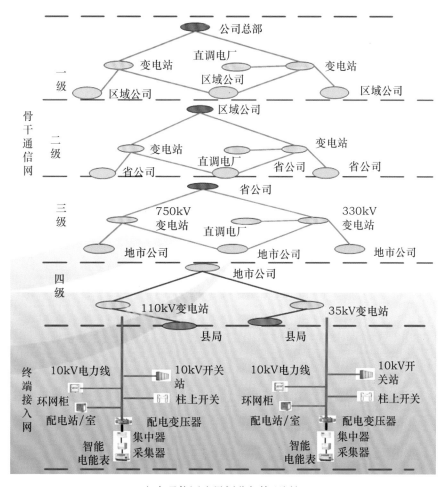

电力通信网边界划分与管理层级

电力通信网常用的传输方式有光传输、微波通信和电力线载波通信。

电力通信网常用传输方式

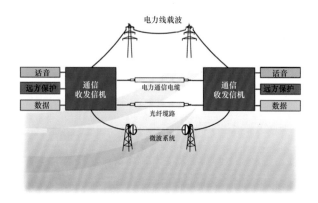

电力系统的通信方式

光传输

光传输是利用光纤来传输携带通信信息的光波，以实现通信的目的。光传输是电力系统主要的通信方式。

1. 光传输的优点

（1）容量巨大。理论上一根光纤可以承载100亿个话路。现在实验室已实现50万个话路的同时通信。

（2）中继距离长。现已实现200km无中继传输。若使用光放大器，则可实现640km无中继传输。

（3）保密性能好。光信号在光纤纤芯中传输，无泄露风险。

（4）适用能力强。不受外界电磁干扰，耐腐蚀性好，可弯曲性好。

（5）体积小、质量轻、便于施工与维护。

2. 光传输介质

电力通信主要应用的光缆包括普通光缆、OPGW光缆、ADSS光缆、GWWOP光缆、OPPC光缆等。

各种光缆的详细分类和特点

序号	光缆名称	材料分类	安装形式	主要使用场合	适用电压等级
1	OPGW	金属光缆	电力线复合	新建线路或替换原有地线或相线	110kV 及以上线路
2	OPPC				35kV 及以下线路
3	ADSS	介质光缆	杆塔添加型	老线路改造、在原有杆塔上架设	110kV 及以上线路
4	AD-LASH				
5	GWWOP				

3．光传输设备

（1）光端机。光端机的主要功能是将2M信号或以太网信号汇接成光信号或将光信号解复用为2M信号或以太网信号，进行光信号的传输和收发工作。

（2）PCM。PCM的主要功能是将音频信号汇接成2M信号或将2M信号解复用为音频信号。PCM设备用于连接省调、地调、变电站、直调电厂等电力生产单位，提供低速率的模拟、数字业务通道，主要用于传送调度电话、远动信息、水情信息、负荷控制等。

（3）ODF（光纤配线架）。光纤配线架主要为光纤提供接口作用，与对端站进行光纤的对接。

（4）DDF（数字配线架）。DDF（数字配线架）主要为2M（2048bit/s）线起中间连接作用。

光端机

PCM

ODF

DDF

（5）VDF（音频配线架）。音频配线架主要实现音频信号的连接。

（6）以太网交换机。以太网交换机工作于OSI网络参考模型的第二层（即数据链路层），是一种基于MAC（介质访问控制）地址识别、完成以太网数据帧转发的网络设备。

VDF   以太网交换机

微波通信

微波通信利用波长为0.1mm~1m的电磁波进行通信。

优点：无线传输，与电力系统无关。

缺点：容量不够大，视距传输，需中继，传输距离较短，在城区传输易受阻挡。

电力线载波通信

电力线载波通信利用输电线路传输携带通信信息的电波，以实现通信的目的。

优点：

（1）传输介质可靠。它用高压输电线作为传输介质，线路非常坚固。所以它是电路稳定运行的可靠保证。

（2）中继距离长。与其他通信方式不同，不需要许多中继站。世界上最长的无中继电力线载波电路长达800多km。在我国，葛洲坝到上海的直流载波电路长达1050km，只在安庆设立了一个中继站。

（3）经济性高。电力线的走向与变电站和远方保护通道的走向完全一致，所以，电力线载波通信是散布站之间最为经济的通信方式。

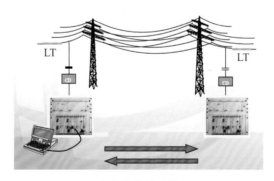

电力线载波通信